地形で解ける！

東京の街の秘密50

改訂新版

内田宗治
Muneharu Uchida

実業之日本社

荒川
新河岸川
竹ノ塚
成増
赤羽
東武練馬
東武東上線
王子
北千住
石神井川
荒川
田端
練馬
道灌山
池袋
隅田川
妙正寺川
上野
高田馬場
平井
高円寺
中野
秋葉原
錦糸町
神田
新宿
皇居
四ツ谷
東京
荒川ロックゲート
神田川
原宿
京王線
渋谷
下北沢
小田急線
京王井の頭線
豊洲
新木場
レインボーブリッジ
お台場海浜公園
東急東横線
品川
五反田
大崎
等々力渓谷
田園調布
武蔵小杉
多摩川
蒲田
京急蒲田
日吉
羽田空港国内線ターミナル
東海道新幹線
川崎

北朝霞・朝霞台
小手指
新座
柳瀬川
黒目川
東武東上線
所沢
山口貯水池（狭山湖）
野火止用水
清瀬
八国山
白子川
東村山
村山貯水池（多摩湖）
東村山浄水場
久米川
ひばりヶ丘
石神井公園
西武池袋線
玉川上水
小川
小平
東伏見
上石神井
西武拝島線
田無
小平監視所
西武新宿線
下野谷遺跡
善福寺公園
武蔵小金井
東小金井
武蔵境
三鷹
吉祥寺
西荻窪
西国分寺
国分寺
国立
立川
JR中央線
井の頭公園
武蔵国分寺跡
国分寺崖線
善福寺川
神田川
浅間山
西武多摩川線
京王井の頭線
日野
府中
白糸台
分倍河原
野川
深大寺
甲州街道
府中本町
大国魂神社
京王線
高幡不動
千歳烏山
仙川
中央自動車道
聖蹟桜ヶ丘
調布
多
JR南武線
小田急線
成城学園前
多摩センター
摩
多摩ニュータウン
登戸
二子玉川
川
東名高速道路
新百合ヶ丘
溝の口
小野路
東急田園都市線
鷺沼
境川
JR横浜線
鶴見川
町田
青葉台
恩田川
境川

はじめに

本書は真面目に事実に則して、東京の地形の謎を楽しんでいこうとするものだが、この「はじめに」だけ、若干の空想、妄想を記すことを許していただきたい。

東京の地形は奇跡に満ちている。徳川家康は江戸幕府を開く際、それに気づいていたように思えてならない。空からでも見ない限りそう簡単に地形の特徴が分かるはずがないのだが、不思議なことに家康はそれを見抜いたように感じられるのだ。

まず歴史的事実を押さえておこう。江戸城は家康が入城するより１３０年以上前の１４５７年、太田道灌（おおたどうかん）により築かれている。この時代の江戸は都市というより軍事拠点という程度のもので、太田道灌が率いた軍勢は、せいぜい２０００～３０００騎といわれる。

１５９０年、天下統一をめざす豊臣秀吉は小田原城を攻め、北条氏を破り、関東を手中に収めた。この時の家康の戦いぶりを評価した秀吉は、家康に関東八州を与えた。家康の所領高は１００万石ほど増え２４０万石となったが、家康は旧領を取り上げられてもいる。生まれ故郷の三河も失った。秀吉としては、豊臣家のライバルとなりそうな家康を、京から遠い東国へ追いやっておこうという意図があったとされる。

家康と家臣団が江戸城にやって来た時、江戸城は荒廃が進んでいた。石垣もなく芝土居で、上に木や竹が茂っていた。城の東側、現在の大手町、日比谷方面は湿原だったり入江の海だったりした。しかも現在の下町一帯の地域では、飲み水を得ようと井戸を掘ると、塩水が混じってしまい飲めない。まともに人が住める土地ではないのである。

関東の根拠地には、ある程度繁栄していた小田原を選ぶのが普通だった。家康が小田原ではなく江戸に入ったのは、秀吉が家康にそう勧めたからともされる。徳川の家臣団は江戸城を一目見て、ひどい所へ追いやられたと、秀吉に対し敵意むき出しの声をあげた。

だが、家康は秀吉の仕打ちに唯々諾々と従った。このあたり家康のタヌキぶりというか面目躍如といった感もあるのだが、それは家康だけが、江戸の地形は土木工事を加えれば、大城下町になれる条件を満たしていると分かったからではないだろうか。

江戸の人口は、江戸幕府が開かれた１６０３年頃には6万人が住み、その30年後には武士・町人を合わせて約30万人へと増える。１６３５年参勤交代が制度化されるといっそう人口は増え、江戸時代半ばには百万人都市へと膨れ上がった。

とくに江戸時代前期、幕府は江戸の地形改造を続けた。地形は改造すれば百万都市へと生まれ変われる特別のものだった。本文で詳しく述べるが、江戸城の本格的築城や海の埋め立て、玉川上水の建設、洪水対策などである。だが繰り返すが、そうした特徴を持った地形だとは、空から見でもしないとなかなか気づかない。高低差がほんのわずかの尾根が江戸城まで数十キロ続くことを発見し、そこに玉川上水を建設するなどはとくにそうである。家康がなぜ認知できたのか謎だとしか思えない。

もし江戸がそうした地形だと分かっていれば、秀吉も家康に、江戸を根拠地とさせなかったのではないだろうか。秀吉は、城を攻める際に水攻めなど土木工事をよく行った。地形を見る目もかなりあったはずなのに、見抜けなかったようである。

さて、ここからが空想と妄想である。家康は20世紀からタイムマシンに乗ってきたのではないか。

それなら空から東京の地形を眺めたり、詳しく測量された地図を見たりして、都市建設のプランニングができる。もしかしたら21世紀からかもしれず、それならデジタル技術により凸凹化された地図を見たことになる。

家康は数え75歳まで生きた（１６１６年没）。当時としてはかなりの長寿である。江戸時代中期、幕府が４０４名の大名の死亡年齢を調べたところ、死亡平均年齢は49・１歳だった（『寛政重修諸家譜』）。合戦など絶えてなくなった時代にも関わらず、この資料では、大名の最も多い死亡年齢が30歳代（77名）ともなっている。それに比べての家康の長寿ぶりは、家康が20世紀の人間だとしたら、何の珍しいことでもなくなる（ただし実は上記の調べで、80歳代まで生きた大名も5パーセント近くの19名いるのだが）。

　家康は、その性格を「啼かぬなら、啼くまで待とうホトトギス」とたとえられて広く知られた。織田信長のように啼かぬなら殺してしまえとか、秀吉のように啼かぬなら啼かせてみせる、といったせっかちな性格ではなく、鷹揚な人間とされた。これも自分が長生きし徳川政権が以後長く続くことを20世紀の人間なので知っていたと考えれば、納得がいく。歴史の結果は分かっているので、無理にことをせく必要がない。鷹狩を大変好んだというのも、郊外のあちこちに出かけ、地図で見た土地を実地検分したかったからではないか。

　妄想はつきない。ついそう思ってしまうほど、東京の地形は謎に満ちている。この例に限らず、凸凹地図などで地形をじっくり見て、現在から過去への視点も加えれば、興味深いことが無尽蔵に現れてくる。

　本書は既刊の小著『地形で解ける！東京の街の秘密50』にカラー図版を多数加え、近年の東京の変化にあわせて大幅に加筆変更したものである。

皇居、旧江戸城富士見櫓。江戸時代前期に天守閣焼失後、天守閣代わりとなってきた

目次

第1章 江戸城・皇居周辺の地形の謎

第2章

東京「丘」の秘密

第3章 東京の「谷」めぐりの謎

装丁 杉本欣右 DTP Lush!
地図制作（P134－135） 深澤晃平
図版制作（P26・51・176） 道信勝彦（OMUデザイン）
編集・地図と図版制作（特記以外） 磯部祥行（実業之日本社）
協力 月刊『東京人』（都市出版）・小野田滋

※本書に掲載した地図のうち、出典を記載していないものは、DAN杉本氏制作のカシミール3Dで「スーパー地形セット」と国土地理院の「地理院地図」を使用して製作しました。
http://www.kashmir3d.com/

江戸城・皇居周辺の地形の謎

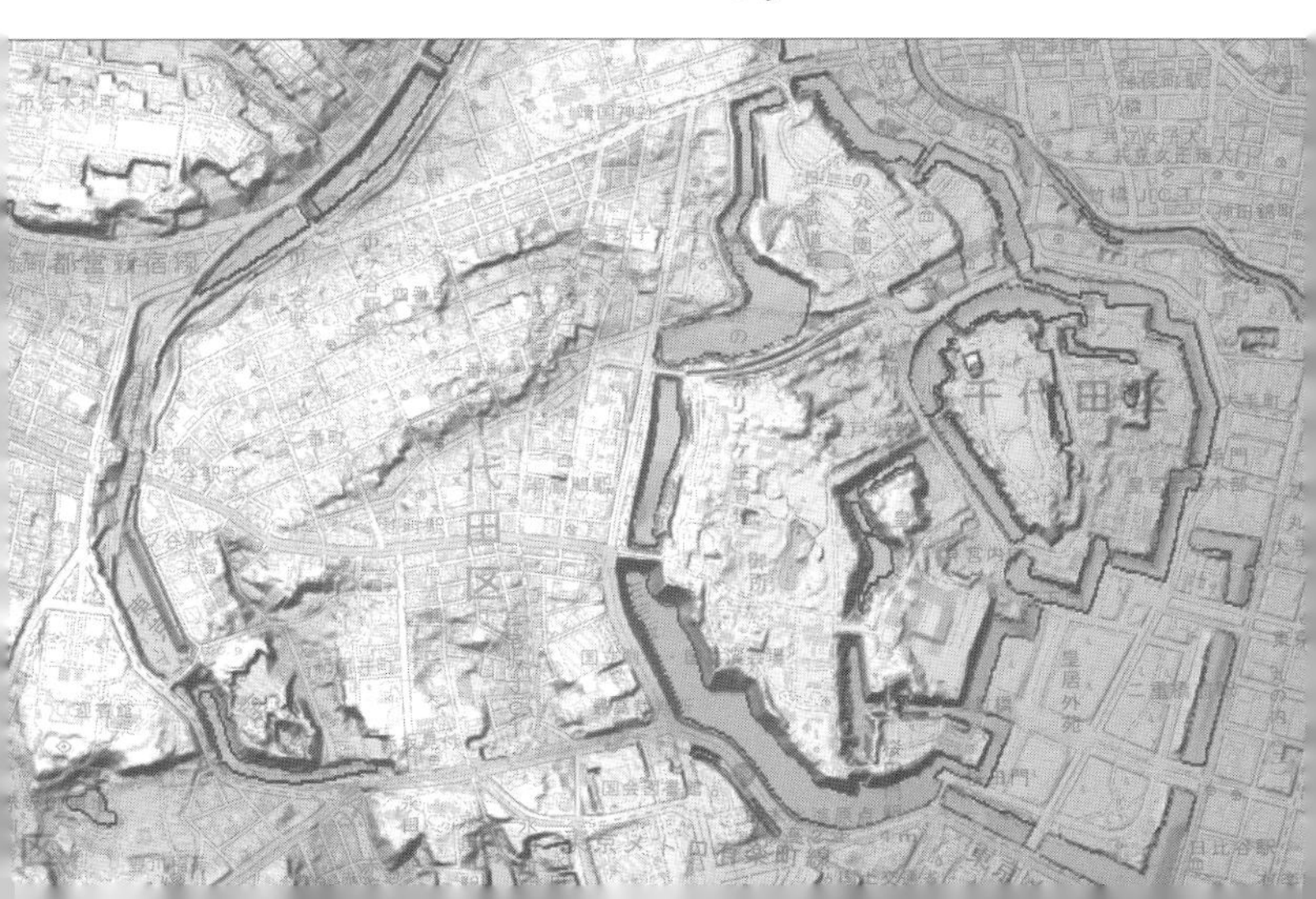

三崎橋
御茶ノ水駅
神田川（仙台堀）
日本橋川
（首都高速の下を流れている）
鳥ヶ淵
乾門
江戸城天守閣跡
旧本丸
皇居東御苑
吹上大宮御所
蓮池濠
紅葉山
御所
富士見櫓
東京駅
二重橋
馬場先濠
皇居外苑
皇居前広場
日比谷濠
京橋駅
有楽町駅
外堀通
銀座
虎ノ門駅

牛込濠
東京女子医大
あけぼの橋通
新見附濠
旧紅葉川の谷
市谷濠
新宿通（旧甲州街道）
四ツ谷駅
旧局沢川の谷
半蔵濠
上智大学
真田濠
半蔵門
紀尾井坂
桜田濠
迎賓館
赤坂御所
赤坂御用地
赤坂見附駅
秋篠宮邸
国会議事
日枝神社
首相公邸
溜池山王駅

大阪城周辺に似た地形だったから家康は江戸を気に入った？

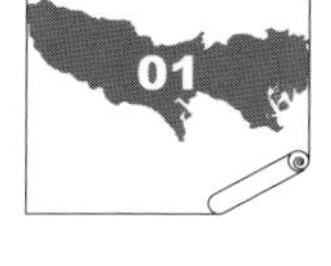

大阪城付近の地形を凸凹化した地図を見ていたら、意外なことに気がついた。この地図を時計周りに90度回転させると、江戸城付近の地形の様子によく似てくるのだ。

江戸城では東側一帯に、大阪城では東西と北側の三方向に、縄文時代の一時期は海だったという低地が広がっている。それ以外はたいして似ていないと思われるかもしれないが、城を攻める、または守るという視点でみると、地形の特徴が一致する。両者とも、一本の尾根筋が城に向かって真っすぐに伸びている点である。

より分かりやすい大阪城の方から見てみよう。大阪平野の中に、半島のようにして南北に伸びる丘が上町（うえまち）台地である。大阪城は上町台地の北端に位置している。その北側は淀川などが流れ、天然の濠（ほり）の役目をはたしている。

豊臣秀吉が大阪城を築く前、そこは石山本願寺だった。織田信長が一向宗（いっこうしゅう）（本願寺）との戦いで十一年間も攻めあぐねた場所である。周囲の低地部分は湿地帯が多く、石山本願寺へと進攻する道は、上町台地の尾根筋部分を走る道、現在の道路名では「谷町筋」だけである。戦いは常に、敵より上に陣取った方が圧倒的に有利だ。尾根筋は周囲より高い。石山本願寺側としては、守りをこの尾根筋に集中させればよかった。

江戸城の方は、「はじめに」でも述べたとおり、徳川家康が江戸に入った当時、城下の低地は、飲み水にも不自由する場所で、人はほとんど住んでいなかった。大雨が降ると、現在の神田川や日本橋川が洪水を引き起こしもした。だが一方で、大土木工事を行って手を加えれば、日本一の城下町として発展できる「奇跡」の地形でもあった。

江戸が奇跡のような地形だという一つの理由は、上町台地のような地形が存在することである。江戸城の西側一帯は、標高差は少ないながら起伏に富んだ武蔵野台地となっている。その中で、新宿方面から四谷を経て皇居西側の半蔵門まで、東西に尾根筋が続いている。江戸城へ続く尾根筋はここだけで、大阪城にとっての谷町筋にあたり、後に江戸幕府はこの尾根筋を甲州街道として整備した。

いい城には一つだけ弱点があるといわれる。敵はこの弱点を攻めるので、そこへ守りを固めればいい。江戸城にとっての弱点は甲州街道となるこの尾根筋である。幕府はこの尾根筋付近に、信頼のおける有力大名の屋敷などを配した。尾根筋近く、四谷の南側にある地名の紀尾井坂（きおいざか）は、御三家のうちの二家、紀州徳川家、尾張徳川家、それに彦根藩井伊家の屋敷が付近にあることに由来する。身内であり最も信頼を置いた大名の屋敷である。

皇居西側の半蔵濠。写真右奥に半蔵門の土手。濠が深く防御が固い

奇跡のような地形のもう一つの理由は、この尾根筋やそこから枝分かれした尾根筋が、何十キロも西高東低の形で続き、玉川上水やその分水が建設できたことである。これにより飲み水の問題が解決できた。この点は後述（88ページ）したい。

家康は少なくとも、自分が戦ったこともある信長ほどの戦上手が手を焼き、その後秀吉が城を築いた上町台地と、江戸が尾根筋の存在で同一なことに気づいていた。だから抵抗することなく江戸に入城したのではないか。

大阪城が秀吉により築かれたのが１５８３年。家康が大阪城の豊臣秀頼を攻め豊臣家を滅ぼしたのが１６１５年（大坂夏の陣）。それまでの30年くらいの間、家康は大阪城をどうやって攻めるか思考を重ねていたはずである。正攻法ではどうやっても難しい。そのことも熟知し、濠を埋めさせるという奇策に出た。それだけ大阪城は敵の城ながら羨ましい地形の場所に建っていた。家康は、江戸の地形を見て即座に尾根筋の存在で同一の特徴を持った地なのに気づいた。それで抗うことなく江戸に入ったのではないかと思えてならない。地形は歴史上の想像を膨らませてくれる。

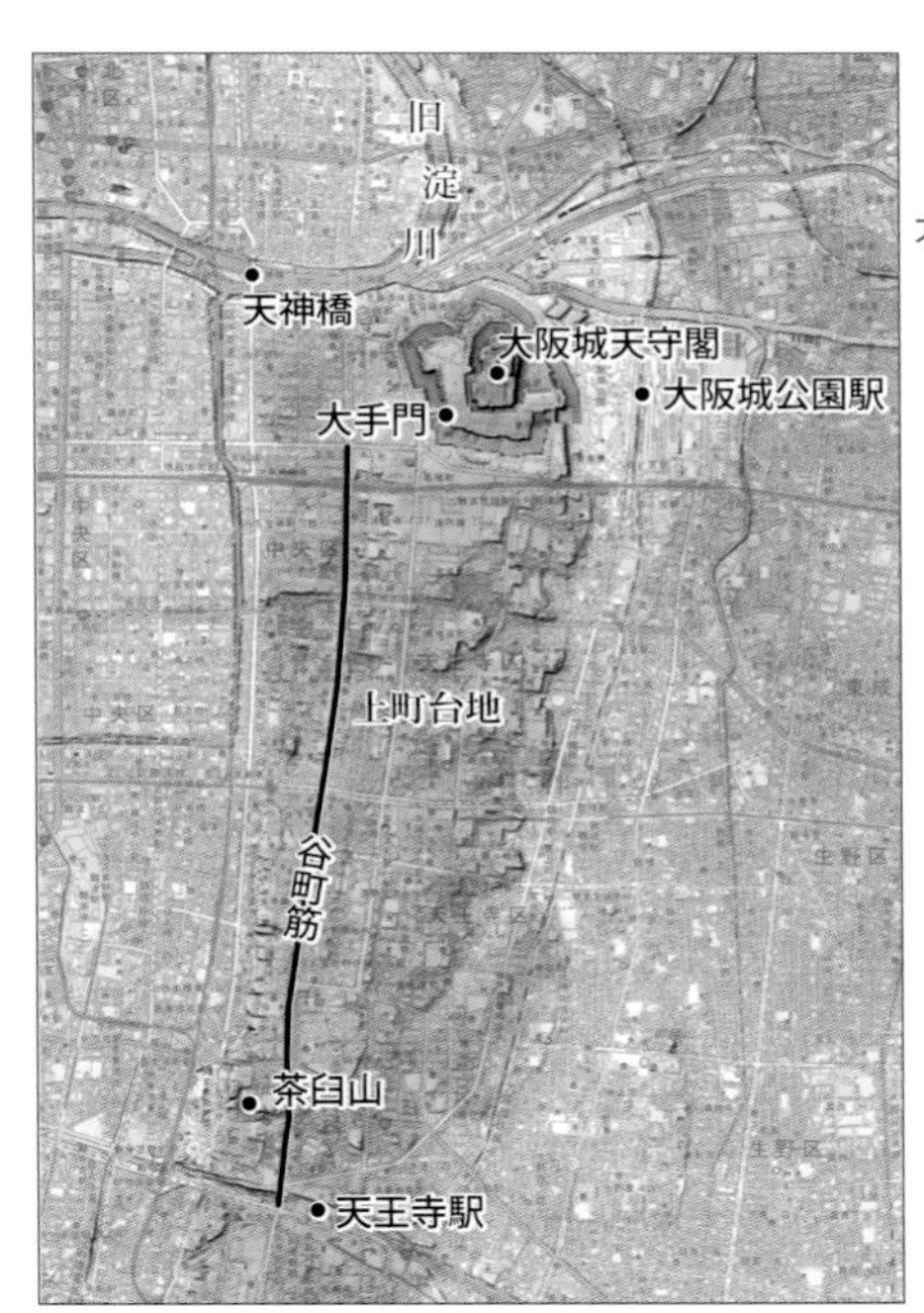

大阪城と尾根筋（谷町筋）

2図の縮尺と
標高別の色分けは
同じです。

江戸城と尾根筋

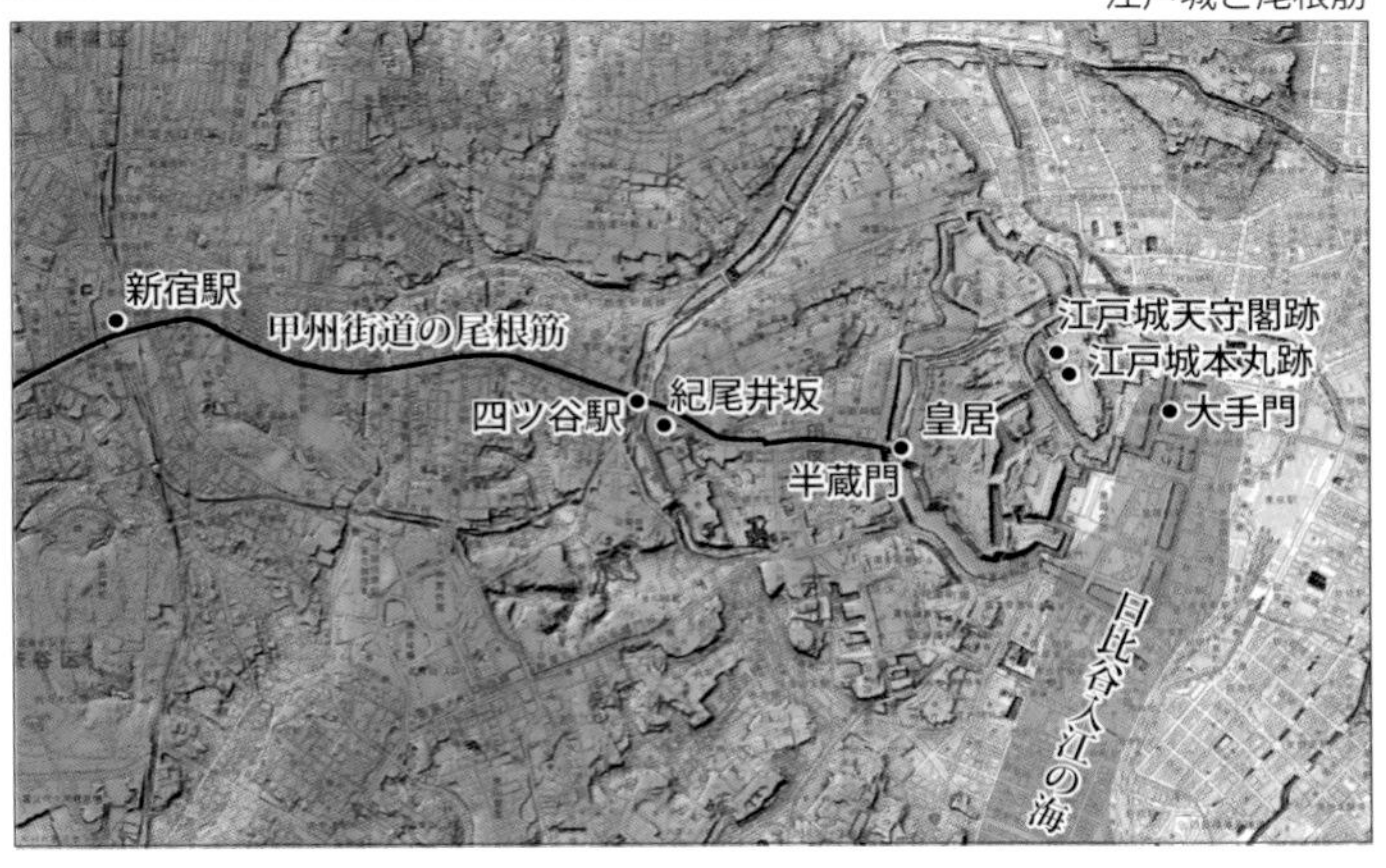

江戸城本丸、天守閣の場所と皇居の御所はなぜ遠く離れているのか

皇居前広場から見る二重橋は、昔から東京を代表する定番観光地である。今も団体観光客がたくさん訪れ記念写真を撮っている。筆者も子どもの頃ここに連れられ、二重橋の奥の鬱蒼と木々が茂った中に御所（ごしょ）があり天皇が住まわれているとの説明を受けた。明治時代より前、ここは江戸城だったとも教わった。確かに神々しく近寄りがたい雰囲気が漂い、武家社会に君臨した徳川幕府の本丸の地として、ここがふさわしいように感じた。

だが実際は、江戸城の本丸や大奥、天守閣などは二重橋の奥ではなく、北側1キロほど先、現在の皇居東御苑（ひがしぎょえん）の地にあった。皇居東御苑は、令和元年11月、皇位継承に伴う大嘗祭（だいじょうさい）で大嘗宮が造営された（斎行（さいこう）後に撤去）ので、ご記憶の方も多いだろう。地理的には現在の皇居の中心部付近ではなく、東のはずれに近い場所である。後年大人になってからその事実を知った時は、軽いカルチャーショックを覚えたものだ。なぜ、皇居の最も重要な場所といえる御所や宮殿と江戸城の本丸とは、こんなにも離れているのだろうか。

この疑問は、なぜ徳川家康が現在の皇居東御苑の地を本丸の地として選んだかを考える

ことで、推し測ることができる。

　皇居東御苑は武蔵野台地の東端にあたり、皇居全体の約5分の1の面積を占めている。皇居東御苑内の本丸地点は標高約20メートル。現在の東京駅方面、標高2メートルほどの大手町の低地からは見上げるような崖上にあたるが、皇居のほぼ中心部に位置する紅葉山（もみじやま）などは、標高約30メートルある。こちらの方が天守閣の地には一見ふさわしく思えてしまう。

　紅葉山のすぐ南には現在、皇室の儀式や行事が行われる新宮殿があり、その西側に御所（吹上御所、皇居御所とも呼ばれる。上皇が天皇時代に住まわれていた御所で、改修後今上天皇ご一家は赤坂御所からこちらの御所へ移られる予定）がある。新宮殿や御所は地形からみればそれにふさわしい場所にあるといえる。

　東御苑の地を本丸とした理由の一つとして、太田道灌時代の城がここにあったことがまず挙げられる。家康は道灌の城を足掛かりに、大々的に築城を開始したわけだ。

　次に先に述べた西側新宿方面からの尾根筋に注目してみよう。家康としては、こちらから攻められた時の守りを固めたい。城を守る基本は、まず濠を作ること。当初は現在の東御苑部分を囲む濠があった程度だったが、天下の覇権を掌握した家康は、全国の大名を動員して日本城郭史上類のない規模で濠を築いていく。

　濠は本丸を中心として三重、四重にと作られていった。とくに西側は起伏のある台地の

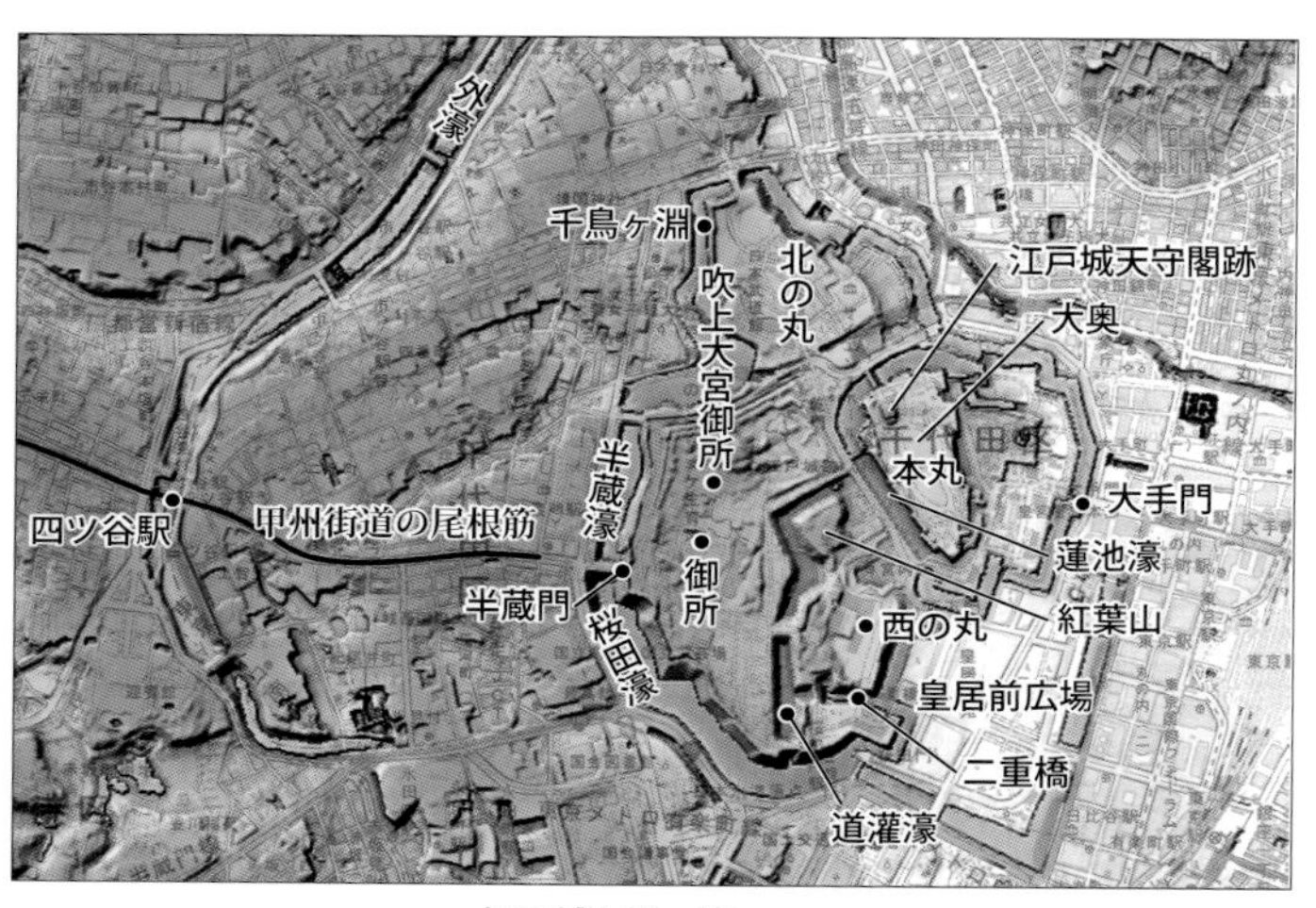

江戸城と堀・濠

ため濠を作るのに多大な労力がかかる。だがこの西側の尾根筋は防御の要なので絶対に手を抜くわけにはいかない。西側部分の内濠にあたる半蔵濠、桜田濠の完成が1610年代、四谷周辺の外濠が1640年前後に完成する。これで西側の尾根筋を遮断することができ、本丸と尾根筋との間に四重のお濠ができあがった。この段階では、本丸は江戸城全体の中で相対的に東に寄っていたこととなる。

明治の世になり、天皇が京都から移ってきて旧江戸城西の丸を御座所とする。江戸城が皇居となり、ここは武士の権力者が住む場所ではなくなった。ということは、西側を防備する必要性も消滅した。江戸城・皇居の主が住む場所が、本丸から蓮池濠を

越えて、西側に移った形だ。明治6年、西の丸の御殿が焼失し、明治天皇は赤坂仮皇居（現赤坂御用地）を御座所とする。明治21年、西の丸に明治宮殿が竣工し、再びこちらに移る。明治宮殿は太平洋戦争時に焼失し、昭和36年吹上御所（現吹上大宮御所）が完成した。
吹上大宮御所と前述の御所は、西の丸からさらに道灌濠を越えた西側にある。これで江戸城本丸からは西側の防御線（お濠）を二つ飛び越えたこととなる。尾根筋との間はお濠二つだけとなった。
江戸時代初期の吹上地区は徳川御三家の大名屋敷、明暦の大火（１６５７年）後は、火除け地の庭園だったりした。ということは現在の御所の場所は江戸城外だったわけである。敵からの脅威が薄れたため、皇居の中心は西へ西へと移動し、城外にまで至ってしまった。

皇居前広場から見た二重橋（写真奥の橋）。観光客で賑わうスポットだ

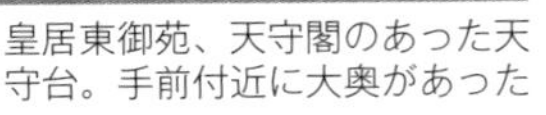

皇居東御苑、天守閣のあった天守台。手前付近に大奥があった

天守台には登ることができ、本丸を見渡せる

4

内濠や外濠の水は雨水を貯めたもの？どこかから水を引いたもの？

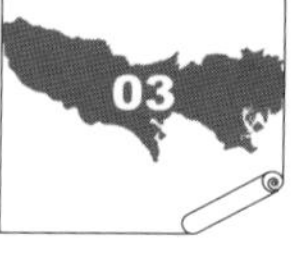

紀伊半島の山深い中にある棚田（三重県熊野市丸山の千枚田）を取材していた時のことである。下の田んぼから見上げると、最上部の田んぼまで見えないほど見事な棚田だ。長く複雑な階段状をなして、2000枚以上の田んぼが続いている。先祖代々作り上げられたもので、下の田から上の田までは標高差が160メートルもあるという。毎日の登り下りも見るからに大変そうだ。案内してくれた人に、

「山で暮らすのは難儀なものですね」

と言うと、

「それはそうですよ。でもね、山の人は平地に住む人を羨ましがっていると思うかもしれませんが、もし土地が真ったいらだとしたら、そこに田んぼを作るのはもっと難しいというか、不可能なんですよ」

と言われ、なるほど、と唸らされたことがある。

田んぼには水を引き込み、また排水しなければならない。電動ポンプなどない時代、真

ったいらな土地ではこれができない。雨水が溜まるばかりとなる。古来水田を開発する技術とは、どこかで川を堰き止め、そこから土地の高低差を利用して水を引き込み、かつ排水する水路を作る土木技術、水の流れをコントロールする技術だった。弥生時代以来、九州から東北地方までその技術は浸透していた。

皇居半蔵門を前にして両側の内濠を眺めていたら、この話を思い出した。江戸城を取り囲むお濠も棚田と同じに見えてきたのである。

皇居の内濠はそれぞれが土手などで仕切られ、千鳥ヶ淵(ちどりがふち)、大手濠などと名前がつけられている。前述の尾根筋、旧甲州街道（現・新宿通り）が皇居に突き当たる所に半蔵門がある。そこに立って両側の内濠である半蔵濠と桜田濠を見下ろすと、両側のお濠の水面にずいぶんと高低差があるのに気づく。半蔵濠は水面の標高が15メートル以上あるのに対し、桜田濠は5メートルくらいしかない。

江戸城の内濠は、半蔵濠・千鳥ヶ淵を一番上の棚田のようにして、北側の牛ヶ淵、南側の桜田濠へと、下の田んぼならぬお濠へ水が供給されていた。

外濠も同様である。JR中央線に乗っていると、四ツ谷―市ケ谷―飯田橋の間、線路に沿ってお濠が続いているのが見える。これが外濠である。現在はお濠の水が抜かれ四ツ谷駅や上智大学グラウンドとなっている凹地は、かつての外濠の真田(さなだ)濠である。この真田濠

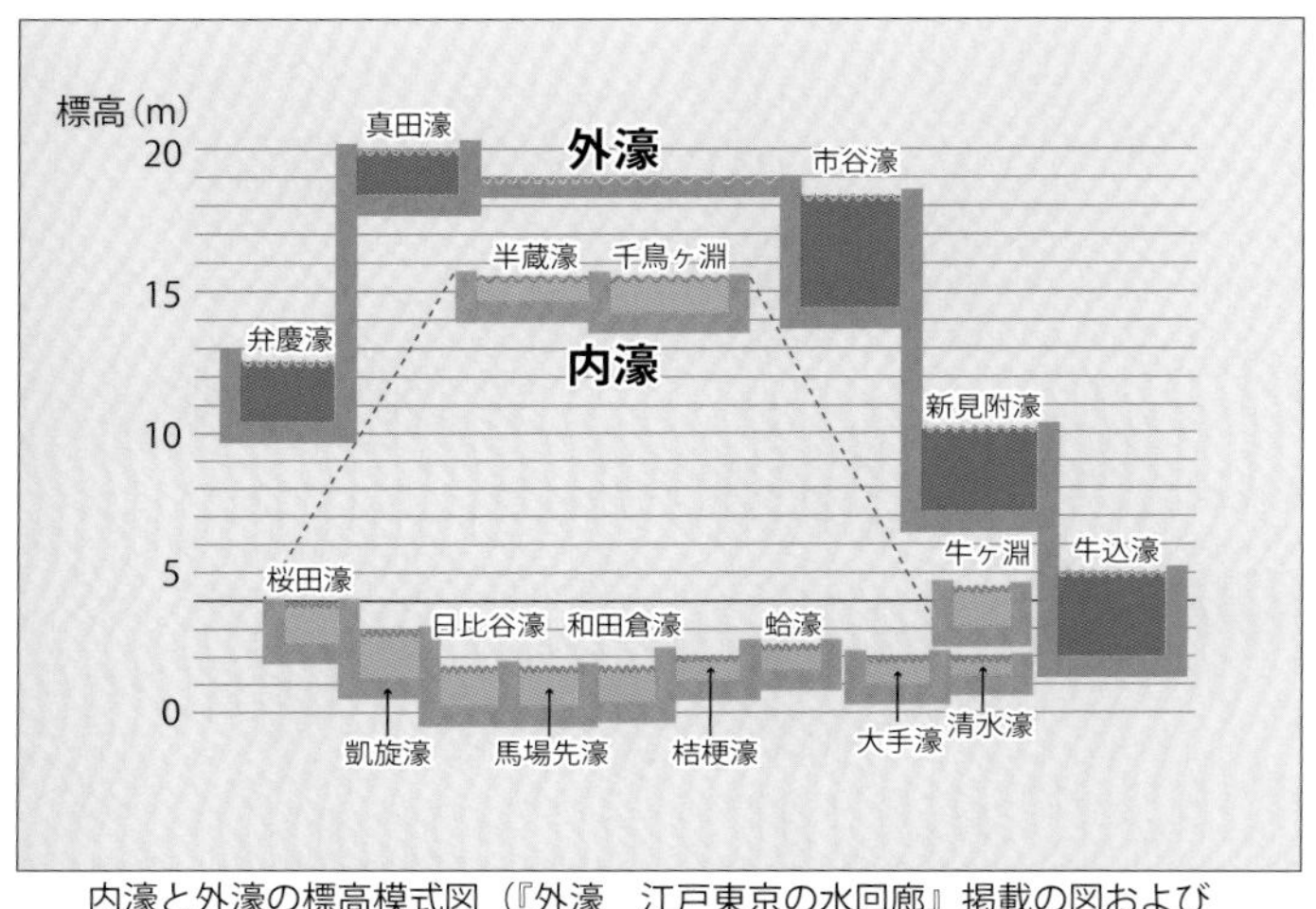

内濠と外濠の標高模式図（『外濠　江戸東京の水回廊』掲載の図および『皇居外苑濠　濠別管理の方針』を元に作製）

が外濠の中で一番上の棚田にあたる。そこから中央線の線路に沿って市谷濠、新見附濠、牛込濠と続き、棚田と同じようにお濠の水面はだんだんと低くなっている。真田濠から反対側の赤坂方面は、弁慶濠となり、こちらも真田濠よりだいぶ水面が低い。

それでは江戸時代、内濠と外濠の一番上にあたる濠へは、どこから水を引いてきたのだろうか。

内濠部分では、凸凹地図をよく見ると千鳥ヶ淵の西側に谷筋が伸びているのが分かる（15ページ地図参照）。そこにかつては局沢川という小川が流れていた。源流は地下鉄麹町駅付近の二番町のあたり。この川を千鳥ヶ淵の東側、現在の皇居乾門付近で堰き止め千鳥ヶ淵を作った。また隣の牛ヶ淵などは武蔵野台地の東端にあたり、台地の端の崖からの湧水を利用して水を溜めもしている。

外濠では、水源が二つある。二番目に高い市谷濠には、新宿区河田町の東京女子医大下を源流とし、あけぼの橋通りを流れていた旧紅葉川の本流支流などを水の供給源としていた。

問題は一番高い真田濠への水をどうするかである。そこへ流れ込む川などない。どうしたかというと、後に述べる江戸最大級の土木事業で作られた玉川上水の余水などを流した。

東京の地形が平坦ではなく微地形ながら山あり谷ありなので、こうした複雑なお濠作りができたのだ。

馬場先濠。日比谷入江だった所で、内濠の中で最も標高が低い

千鳥ヶ淵。隣りの半蔵濠と共に内濠の中で最も標高が高い

外濠の一つ、真田濠を埋めた上智大学グラウンド。丸ノ内線四ツ谷駅から

日比谷公園一帯は海で銀座は江戸前島という島だった

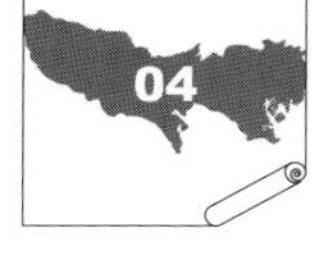

以前勤めていた会社のすぐ近くに、車の追突事故多発地点があった。有楽町駅付近の外堀通り、東京高速道路が上を跨いでいる地点である。

外堀通りは江戸城外濠を埋めて道路にしたもの。それを跨いでいる東京高速道路は、江戸時代の運河（京橋川）を埋めた上を走っている。ここでこんなに事故が多発するのは、歴史ある水路を埋めた水神様のたたりか、と不思議に思っていた。

東京駅からの乗車待ちタクシーの列が、珍しくここまで伸びてきたことがあった。その時、タクシー会社の係りの人だろうか、最後部のタクシーの後ろで、後続の車に停車中のタクシーの存在を知らせる旗を振っていた。それを見て、私はやっと追突事故多発の原因が分かった。この地点は、京橋川を渡っていた時の名残で、橋の部分だけ道路が盛り上がるようにやや高くなっていたのである。

運転免許講習で、坂を上りきった所に車を停めると危ない、と教わる。後続のドライバーからは、停車中の車が直前まで見えないためである。この地点の外堀通りは橋の部分で緩やかに上って下りている。その高低差は1メートルくらいだったろうか。脇の歩道を歩いていても、アップダウンに気づきにくい。だが、ドライバーの目線では、前方の車が直前まで見えない坂道だったのである。

皇居の海側の八重洲、日比谷、銀座、京橋、築地といった一帯は、そこを行くほとんどの人が真ったいらな場所だと思っているのではないだろうか。だがよく見ると、こうした江戸時代の地形に由来するわずかなアップダウンがある。前記の例は運河の痕跡だが、かつての海と半島だった痕跡も、実はわずかな高低差として残っている。

徳川家康が江戸城にやってきた時、江戸城のすぐ東南側は日比谷入江という海だった。江戸城から見てその入江の先、現在の銀座付近は江戸前島と呼ばれる陸地だった。島といっても本郷台から神田、日本橋へと伸びる半島である。

関ヶ原の戦い（1600年）に勝利した家康は、江戸に幕府を開く（1603年）。天下人となった家康は、諸大名に命じて江戸城と江戸の町の大工事を始めた。

まず日比谷入江を埋め立ててしまった。埋め立ての土は、神田山（JR御茶ノ水駅付近）を切り崩して持ち込んだ。また、現在の日本橋川（平川）の治水を行い、頻繁に洪水を引き起こしていた流れを、新たに建設した外濠（神田川）へと導いた。

これは前述の、江戸の地形は手を加えれば日本一の城下町に発展できる特徴の一端とい

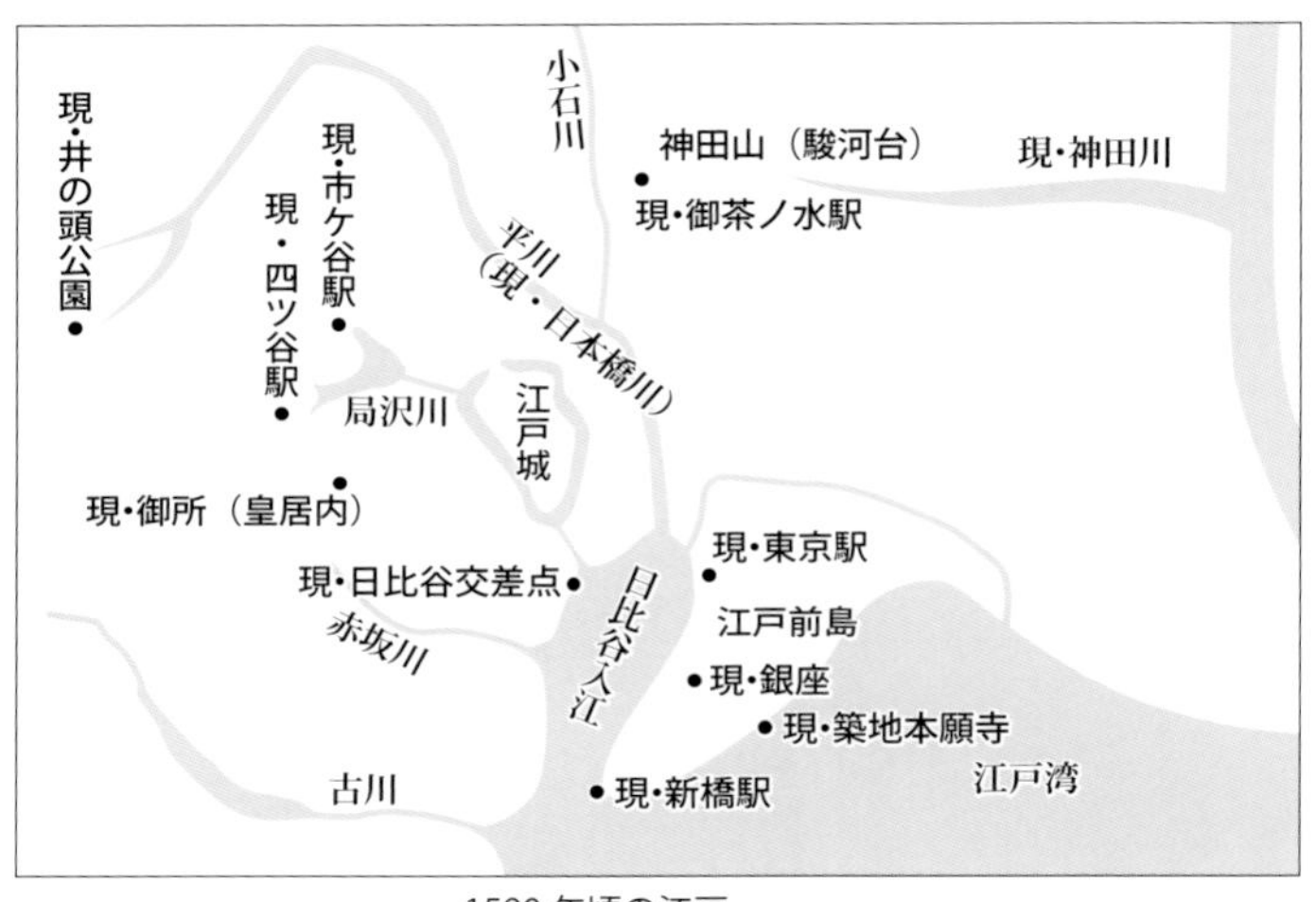

1590年頃の江戸

える。単なるだだっ広い平地ではなく、海を埋め立てる土砂を供給できる山（丘）があること、濠へと転用できる自然河川が近くを流れていること、などである。この土木事業により、洪水に悩まされにくい土地を、飛躍的に広げることができた。

日比谷入江を実感するために、山手線に乗って当時の地形と照らしあわせて想像してみよう。

東京駅から有楽町、新橋へは、江戸前島の西側海岸線を進む。右手車窓、線路のすぐ脇はもう日比谷入江の海である。入江越しに江戸城などの武蔵野台地東端の高台が続いているのが見える。新橋を発車すると浜松町までは、江戸前島の半島の先端から離れ、完全に海の中を進む。

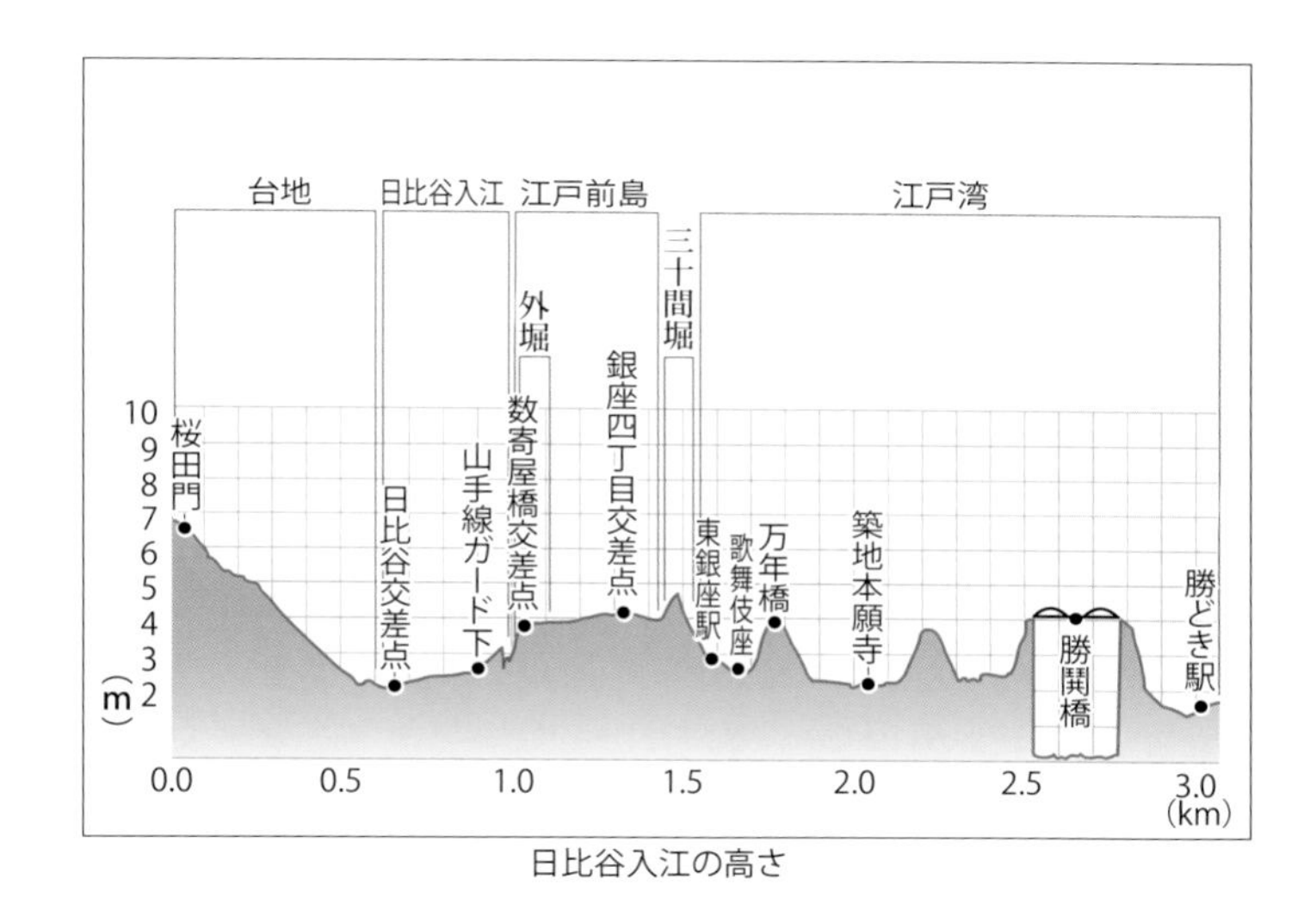

日比谷入江の高さ

日比谷入江だった所は、現在でも概して江戸前島部分よりもわずかに標高が低い。試みに内濠沿いの警視庁前の桜田門から晴海通り、日比谷交差点、有楽町駅ガード下、数寄屋橋、銀座4丁目交差点、東銀座、築地、勝鬨橋（隅田川）と歩いてみた。これは、陸地↓海（日比谷入江）↓江戸前島↓海（江戸湾）といったコースである。

このコースを断面図にすると陸と海の関係が如実に表れてくる。注意深く歩いているとこの高低差に気づく。とくに江戸前島東端にあたる三原橋のあたりでの下り坂部分がかつての地形を実感できた。

何より、何度も通ったことのあるこのルートを、新たな視点でわくわくしながら歩けたのが嬉しかった。

05

山手線内でいちばん標高が高いのは箱根山。江戸城天守閣の最上層とどっちが高い？

今、東京に過去にあったもので復元したら大人気となるものは何かと考えをめぐらしてみた。それは江戸城大奥だ、という人も多い気がするが、老若男女あわせれば、一番は江戸城天守閣ではないだろうか。江戸城本丸に位置し、5階建て（5層）の堂々たる建物が江戸の町を見下ろしていた。

江戸城の天守閣（学術用語では「閣」の字を入れず「天守」が正しい）は、50年間しか建っていなかった。江戸時代は265年間続くので、実は天守閣のない時代の方が圧倒的に長かった。しかもその間に3回建て直されている。最初の天守閣は家康存命時の1607年、二代目は二代将軍秀忠時代の1623年、最後は三代将軍家光時代の1638年に建てられた。1657年の明暦の大火で天守閣が焼失してからは、再建されることはなかった。以後現存する富士見櫓（やぐら）が天守閣がわりとなってきた。

天守閣は初代と二・三代目はやや位置がずれるが、いずれも標高20メートルほどの地に石垣と建物が作られている。前述の大阪城が立つ場所は標高約30メートルあるが、両天守

江戸城富士見櫓。明治４年頃（左）と現在（上）

閣とも東へ７００メートルほど離れれば標高２〜３メートルの低地となる。そこから見上げればさらに高くて威厳が増しそうな点で同じである。

江戸城本丸の場所は、江戸市中全体の中でも決して標高が高い場所ではない。だが、三代目天守閣の例では、石垣の高さが約10メートル、建物の高さが推定約45メートルある。最上層に上ればそこは標高70メートルを超える地点からの眺めだった。前述の皇居の中で一番高い所の紅葉山よりも40メートル以上高い。

現在の山手線の内側で一番高い地点の箱根山（新宿区戸山）でも44・6メートルである。やはり江戸城天守閣からの眺めは江戸随一だったろう。

赤坂御用地の中はどんな地形？赤坂御所と秋篠宮邸の間には谷がある？

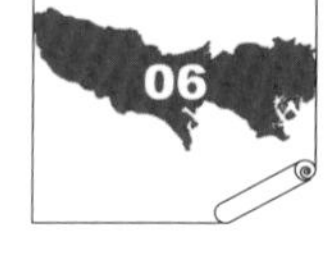

都心には、野生のタヌキの生息が確認されている場所が少なくとも二カ所ある。皇居吹上地区と赤坂御用地だ。皇居吹上地区には前述のとおり吹上御所があり、赤坂御用地には、今上天皇が皇太子時代に住まわれていた時は東宮御所と呼ばれた御所がある。即位後は赤坂御所と呼び名が変わり、今上天皇ご一家が皇居に移り入れ替わりに上皇がこちら（赤坂御用地）に移られてからは仙洞御所へと名称が変わる予定だ。

両地区のタヌキは国立科学博物館などの調査でDNA解析されていて、それぞれのタヌキのDNAの型が異なることが判明している。両地区のタヌキの間には、血縁関係はないわけだ。江戸時代以来お濠や塀に囲まれていて、タヌキの行き来ができなかったためと思われる。吹上地区のタヌキは定期的に糞調査も行われ、タヌキが食べているものは人為的なものではなく、皇居内で得られる自然の餌資源であることも分かった。正真正銘の野生動物の生息であり、自然を大切にされる天皇家を象徴しているようにも思える。

赤坂御用地の広さは、皇居（115万平方メートル）の半分弱、50万8920平方メー

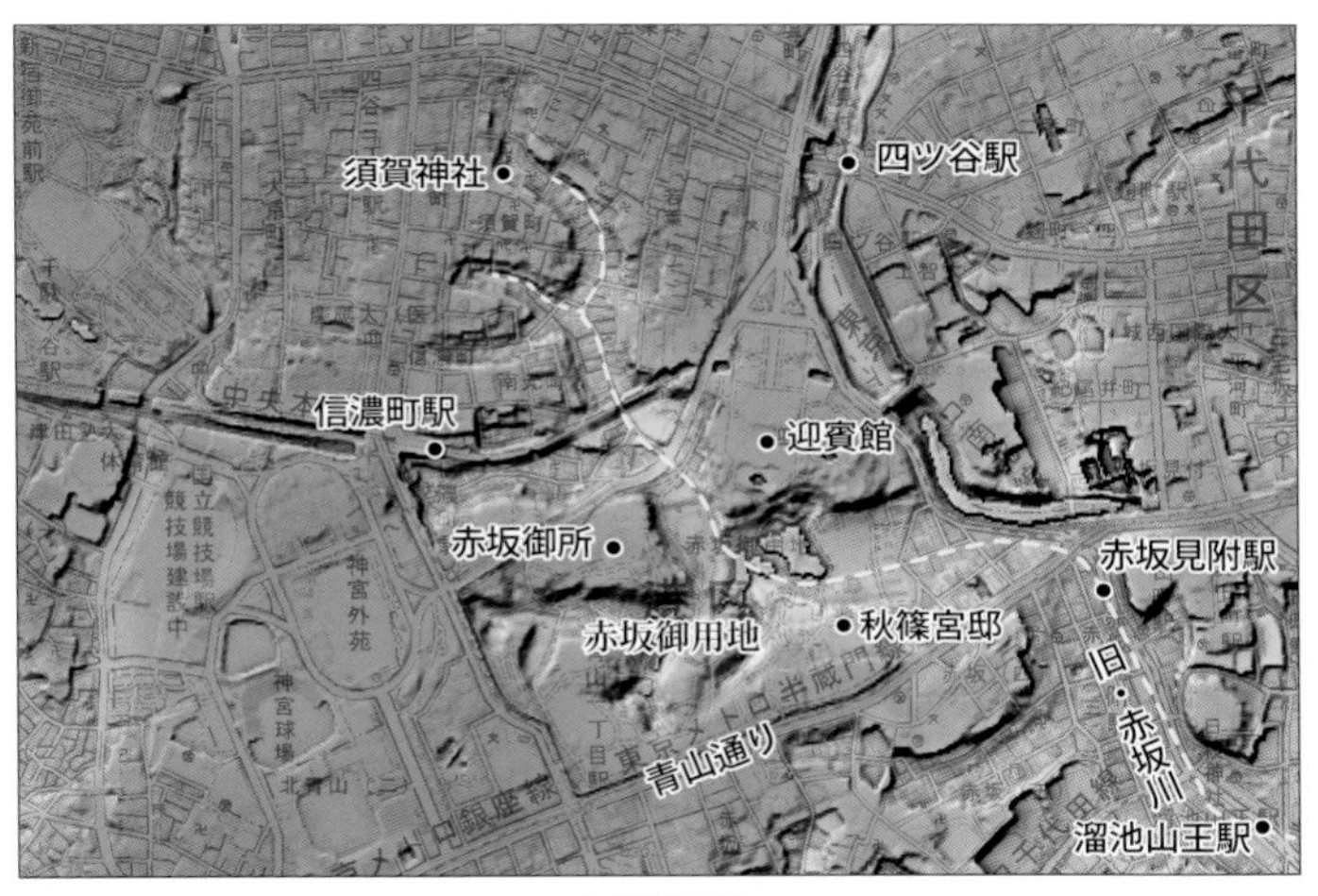

赤坂御用地

トルある。皇居は皇居東御苑、北の丸公園、皇居外苑（皇居前広場）などおよそ半分の広さの地区が一般に開放されているのに対し、赤坂御用地は園遊会に招かれでもしない限り、どこにも入ることができない。皇居ほど話題にのぼらないので、中はいっそう謎めいた感じがする。

凸凹地図とグーグルアースを参考にして、赤坂御用地の中を覗いてみた。北側に丘があり、木々が生い茂る中、赤坂御所が建っている。地続きの形で迎賓館がある。南側にもやや低い丘があり秋篠宮邸、三笠宮邸などが建っている。北と南の丘を分断するようにやや広い谷があり、池がいくつも作られている。

赤坂御所の地が標高約30メートルなのに

対し、秋篠宮邸の場所は標高約24メートル、谷の部分は標高約13メートルほどだ。それぞれの標高が示すように赤坂御用地の中はかなり起伏に富んでいる。たぶん車は通れないであろう道が迷路のように伸びていて、中を散策するのは楽しそうだ。赤坂御所から秋篠宮邸まで歩くとすると、丘を下ってまた上って、同じ敷地の中ながら15分くらいはかかると思う。ご兄弟の邸宅は同じ敷地にあるので気軽に行き来できると思うかもしれないが、実際は徒歩でも車でも、１キロ以上離れた家同士と同じ位置関係だった。

　池のある谷には、かつて赤坂川という川が流れていた。ＪＲ信濃町駅の北側、新宿区須賀町付近のお寺の多い一帯を源流とする小川で、赤坂御用地を通り赤坂見附付近から虎ノ門方面へと流れていた。地下鉄溜池山王（ためいけさんのう）駅にその名を残す溜池は、この赤坂川を堰き止めたもので、江戸の人々の生活用水に利用された。

　財務省の国有財産の増減及び現在額に関する説明書（平成30年）によれば、赤坂御用地の資産評価は２０１５億円で、１平方メートルあたり約40万円だった。周辺の不動産価格の5分1から10分の1の数字であり現実とかけ離れているという声も聞かれた。だが、周辺の土地は乾いた台地なのに対し、赤坂御用地内は、以前は川だった池や湿地、それに斜面も多い。一様にマンションを建てるわけにもいかず、実際の価格は財務省のものに少し近づくものと思う。

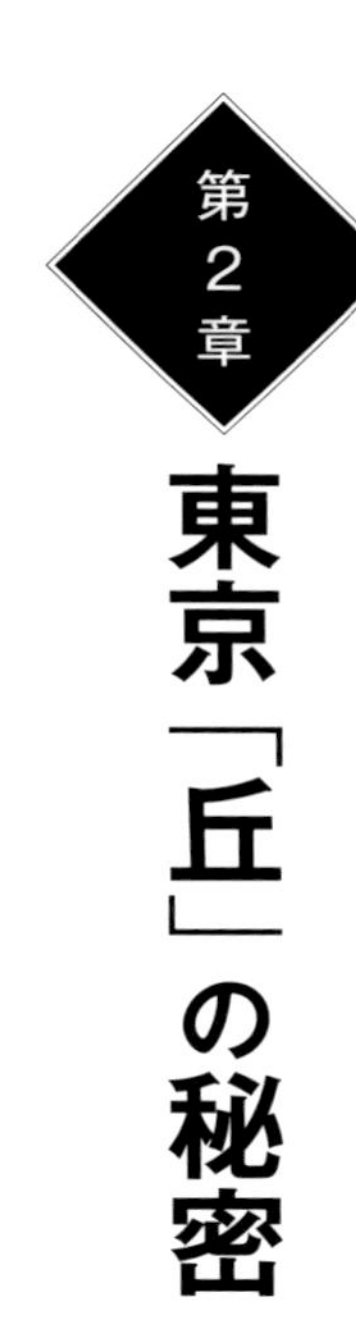

第2章
東京「丘」の秘密

石神井川
王子
荒川
北千住
染井霊園
田端
道灌山
池袋
よみせ通
(藍染川跡)
谷中霊園
雑司ヶ谷霊園
隅田川
東京スカイツリー
目白台
小日向台
上野
浅草
不忍池
高田馬場
神田川
菊坂
本郷台
箱根山
秋葉原
日本橋川
神田川
両国
錦糸町
新宿
神田
四谷大木戸
四ツ谷
東京
明治神宮
赤坂御用地
原宿
青山霊園
愛宕山
六本木
飯倉台地
渋谷
麻布十番
麻布台地
代官山
中目黒
古川
目黒川
レインボーブリッジ
白金台地
高輪台地
高輪ゲートウェイ
目黒
第三台場
お台場海浜公園
城南五山
品川
五反田
目黒台
大崎
東京国際クルーズターミナル
戸越銀座

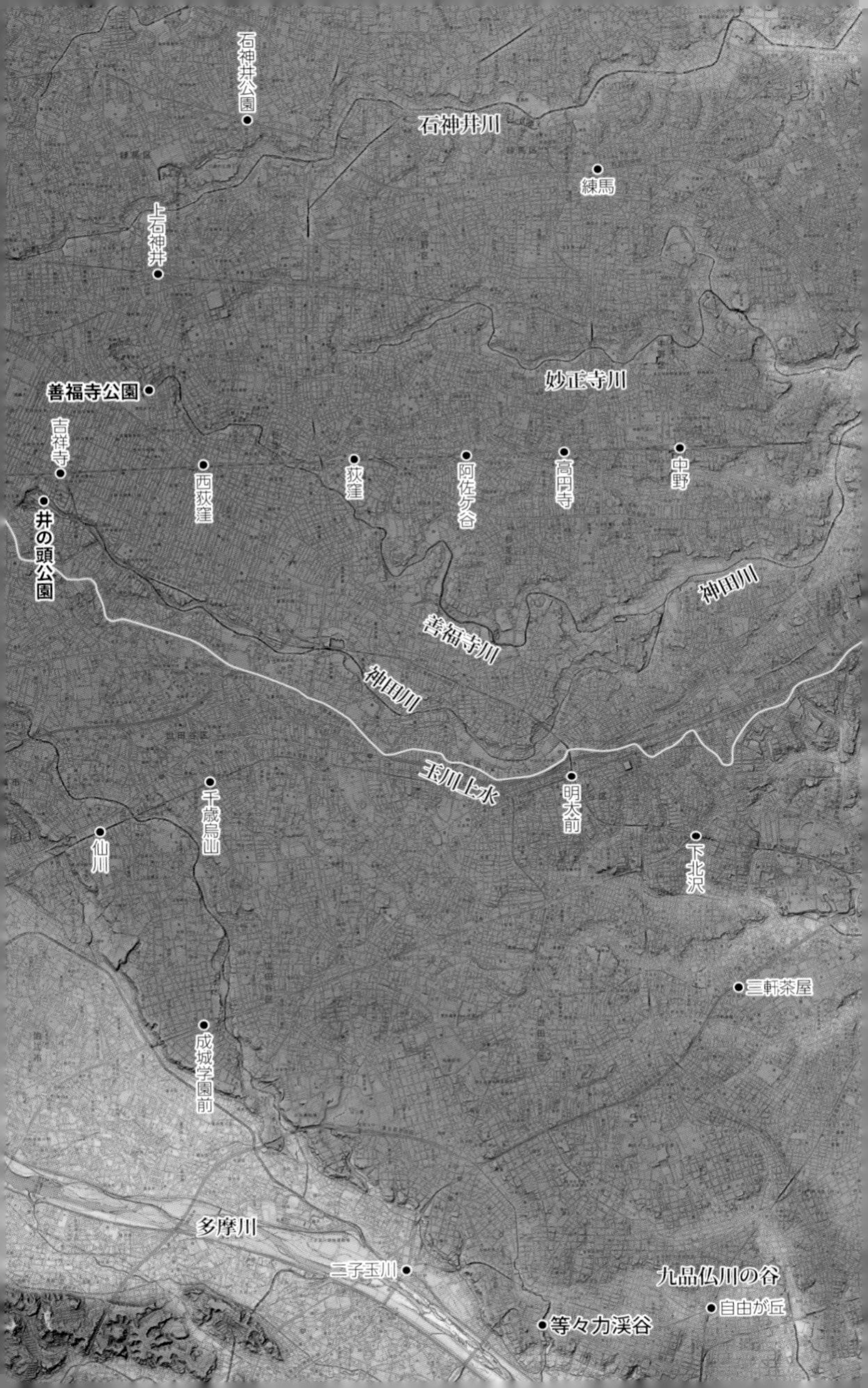
石神井公園
石神井川
練馬
上石神井
妙正寺川
善福寺公園
吉祥寺
西荻窪
荻窪
阿佐ケ谷
高円寺
中野
井の頭公園
神田川
善福寺川
神田川
玉川上水
明大前
千歳烏山
仙川
下北沢
三軒茶屋
成城学園前
多摩川
二子玉川
九品仏川の谷
自由が丘
等々力渓谷

岬の先端、丘の上。立地のいい場所を神社が独占している理由とは

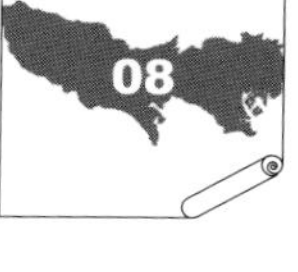

以前『明治大正凸凹地図　東京散歩』という本を書いている時、明治大正時代の地図を見ながら都心をよく歩いた。その時何度も感じたのは、「世の無常さ」だった。「ああ無情」の情けのなさではなく、『平家物語』の「諸行無常の響きあり～盛者必衰の理をあらはす」の無常、人の世の有為転変である。

当時の地図に記載されている政財界の大物たちの邸宅、旧藩主の屋敷のほとんどは、持ち主が何度も変わったり、切り売りされて住宅地やマンションとなったりしている。たとえば六本木の国際文化会館の敷地なら、井上馨邸（明治の元勲）↓久邇宮邸↓赤星鉄馬邸（大資産家）↓岩崎小弥太邸（三菱財閥4代目総帥）↓国際文化会館といった具合である。

昭和の後半からさかのぼっても、田中角栄邸など、今太閤と呼ばれた総理のもとに全国から陳情者が列を成した邸宅は、今や縮小してしまった。戦後の土地政策のためといってしまえばそれまでだが、国際文化会館の場所のように、戦前からも持ち主の変更が何度かあった場所も多い。

権力者、資産家の邸宅に比べ、最高の立地の中で、人の世とは隔絶され木々が生い茂り、常に不動の風格を保っている場所があるのにも気づく。それが神社である。

神社は古来、人々が神聖な場所と感じる所に作られてきた。神聖な場所とは原始的で素朴なパワースポットであり、そこは地形的に特異な場所が多い。山や丘の頂上だったり、岬や崖の先端だったり、豊かな湧水の地だったりする。また自然地形の特異地点のほか、街道の分岐点など、人為的な重要場所で神社や稲荷地蔵などをよく見かけもする。

東京の東側の低地を海にたとえれば、武蔵野台地の先端、岬のような場所に注目してみよう。北側の岬には赤羽台の八幡神社が丘の上に位置している。北から攻めてくる敵に備える砦のようにも感じる。ＪＲ赤羽駅の北側にあたり、神社のすぐ脇をＪＲ埼京線と東北新幹線が、神社の真下を通るのを避けるようにカーブしながらトンネルで通っている。

南側の岬では池上の本門寺が、台地の先端の高台を占めている。神社ではなくお寺だが、13世紀創建の日蓮ゆかりの大寺院である。このほか武蔵野台地の岬のような場所には、旧寛永寺、湯島天神、愛宕神社、熊野神社などが建てられている。

武蔵野台地の内陸部では、川が作った谷に対し、両側の台地が岬のように張り出している所にも、神社が建立されている。昔の人はそこにも神聖さを感じたのだろう。文京区の白山神社、千代田区永田町の日枝神社などである。

永田町の丘に境内が広がる日枝神社と、外濠を埋めて作った外堀通り

神社といえば境内につきものの石段を連想する人も多いだろう。凸凹地形の丘の上に本殿があるからだ。武蔵野台地にあるにもかかわらず明治神宮のように大正時代に創建された新しい神社には、石段がないのも示唆的だ。

府中の大国魂神社は、京王線府中駅の甲州街道側から参拝すると石段がなく平地に神社があると錯覚するが、反対の南側からアプローチすると、神社が高台（府中崖線）の上にあることを実感する。凸凹のない低地の場合は、鎮守の森が丘の代わりをなし、そこに神社がある例が多い。

神社参拝の際は、石段を上りながらその土地の地形を観察すると、地形探索の楽しみが増すというご利益を受けると思う。

武蔵野台地東端に点在する寺社

総理大臣が日本で一番偉い人？地形で分かるその理由

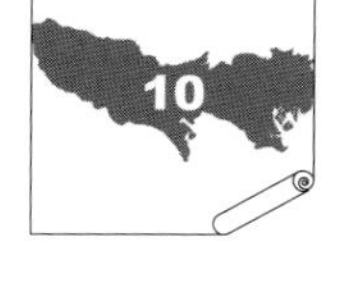

不動産広告などで、都心の一等地という言葉がよく使われる。たとえば港区の麻布、青山、赤坂は住宅地のランクとしてトリプルA地区などとも呼ばれ、瀟洒（しょうしゃ）な高級マンションがあちこちに建っている。

それでは本当に一番の場所とはどこだろうか。公示地価で判断するなら数字上はっきりしていて、中央区銀座の4丁目交差点付近である。坪あたり2億円近くする。ならば「地形上」一番といえる所はどこだろうか。

「価値観によって違うのでそんな順位はつけられない」という意見もあろうが、ここはとりあえず43ページの図で、武蔵野台地が下町低地に張り出す丘部分を見てみよう。一番北の岬のような場所には赤羽台の八幡神社、南の岬部分には大田区池上の本門寺が位置していた。この北と南の真ん中部分には皇居がある。皇居はさすがに別格扱いとして、近くにいい場所はないかと探すと、その南隣、お濠を挟んで南東に伸びる丘がある（15ページの地図も参照）。皇居や銀座、丸の内に最も近い高台で、高台からは下町低地を見渡せ、日当たりのいい南向き斜面も多い。その点で、ここが「地形上の」一番の場所、超一等地としてもいいのではないだろうか。

この高台（47ページ地図参照）の南端部に現在何があるかといえば、首相官邸と首相公邸が土地を占めている。官邸とは執務する場所、公邸とは住む場所である。一番いい場所は日本で一番偉い⁉総理大臣の邸宅だった。納得がいく気もするし、ちょっとずるいというか、そういう場所は公園にして欲しいと思ったりもする。

丘下に建つ霞が関ビルや文部科学省のビルの地とは、標高差が10メートル以上ある。高いビルなどなかった昔は、東京湾越しに房総の山々まで見えた。

江戸時代、この地は越後村上藩内藤家中屋敷だった。明治に入り維新の中心となった薩長土肥の一つ、佐賀（肥前）の大名、鍋島家がこの超一等地を手に入れた。当主の鍋島直大は二度にわたり英国に留学し、留学中は英国ヴィクトリア女王にも謁見し、ヨーロッパ貴族精神に深くふれて帰国した。帰国後華族社会に新風をもたらし、明治25年この地に大サロンや舞踏場も備えた三階建ての洋館を建設する。そこは内外の紳士淑女が集う場となった。当時としては、超一等地にふさわしい活用のしかたといっていい。

この首相公邸の台地上を北に辿っていくと、現在は衆参議員会館、国会議事堂、自由民主党本部へと続く。明治時代前期、この地域は東京で最初にできた高級住宅地で、有力者

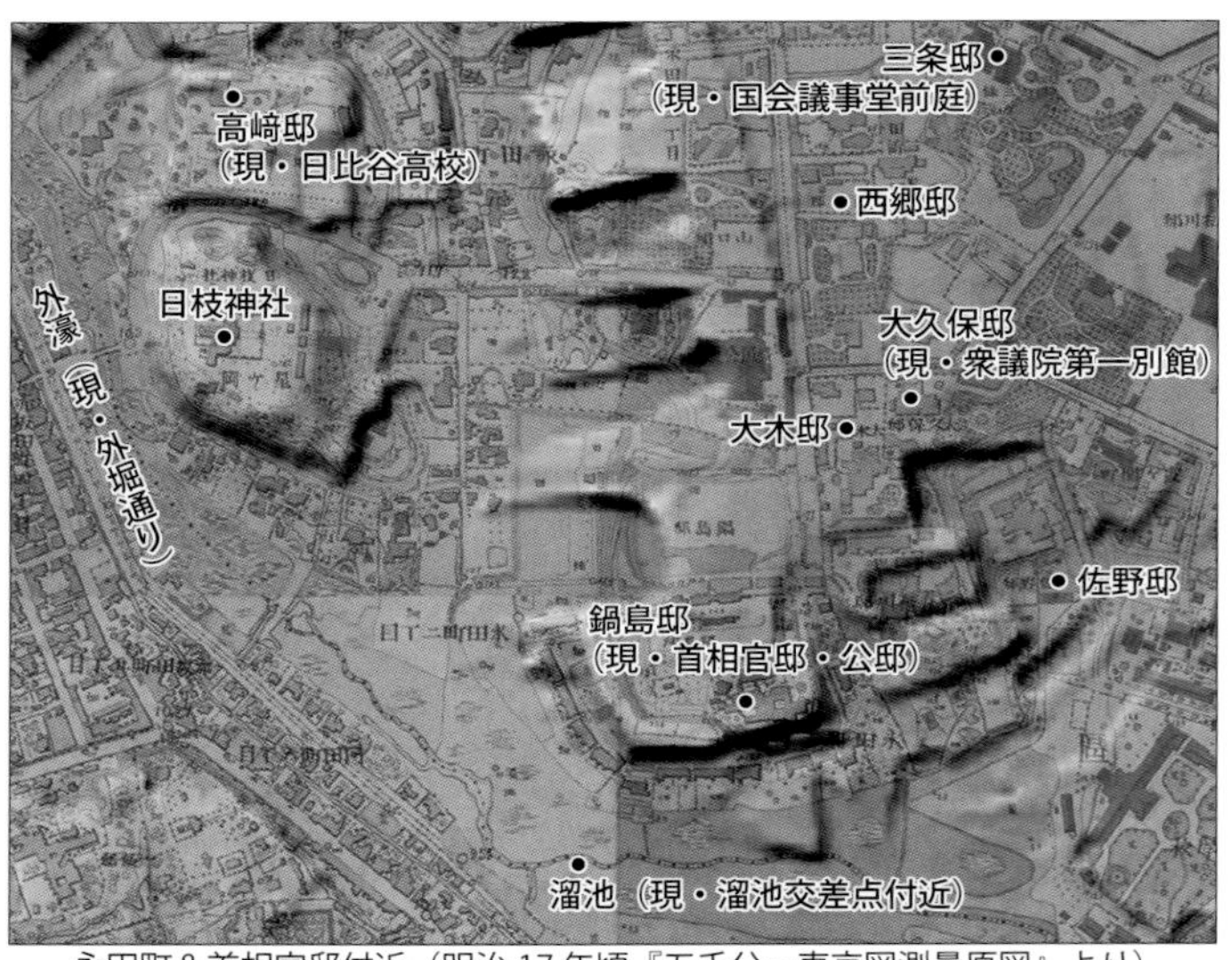

永田町＆首相官邸付近（明治 17 年頃『五千分一東京図測量原図』より）

が多く住む場所だった。三条実美邸、大久保利通（利和）邸、西郷従道邸、大山巌邸、大木喬任邸、佐野常民邸などが点在する。公家出身者と薩摩藩、佐賀藩の超大物たちの邸宅である。

付近でも一際目立った鍋島邸は関東大震災で被災し、昭和4年、首相官邸となった。昭和11年の二・二六事件では、蹶起した青年将校らにより岡田啓介首相が狙われ、首相官邸は彼らに占拠された。この時彼ら蹶起部隊は同時に陸軍省・参謀本部（現国会前庭）、警視庁なども占拠している。

政治と軍事の要の地を占拠したわけだが、これを地形の観点から見直すと、皇居の南にある「永田町の丘」の周辺

右ページ地図と同エリアの現在

溜池交差点から見上げた首相官邸

に立てこもった形となる。

戒厳司令部（政府側）は、永田町の丘とは平地を挟んで向かい側にある愛宕山を、蹶起部隊の襲撃に備えて憲兵隊で固めた。まるで戦国時代の陣取り合戦のようだが、これは山上に日本放送協会（現ＮＨＫ）のラジオ放送局があるためである。ここから有名な「兵に告ぐ既に天皇陛下のご命令が発せられたのである」の投降を勧告する放送が流された。蹶起部隊は味方を増やすことができず、永田町の丘を三方（残りの一方向は皇居桜田濠）から囲まれて鎮圧された。

歴史的事件も平面の地図ではなく、地形が分かる凸凹地図で見ていくと、よりリアルな面が見えてきて面白い。

4

麻布・六本木周辺は、なぜ地形が複雑でいろいろな方向の坂道が多いのか

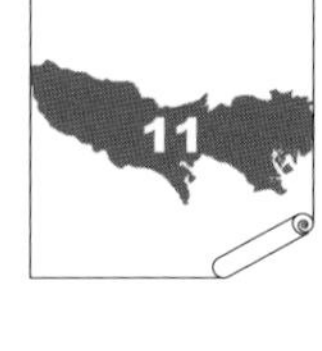

都心一帯で坂道が多くある場所は、二つのパターンに分かれる。神田川北部の目白台型と、麻布・六本木型である。やや強引にこじつければ、総理大臣の館の丘型と、戦前の皇族の館の丘型である。皇族の館の丘については後述（56ページ）するとして、まず二つのパターンの違いを見てみよう。

目白台型と名づけてみたのは、坂道が並行していくつも並んでいるパターンである。神田川が東西に流れ、並行して丘の斜面も東西に続く。丘の上と神田川の谷とを行き来するために、必然的に南北を向く坂が並ぶ。地形的に単調といえば単調だが、これはこれで意外な坂道歩きの楽しさを味わえる。たとえば目白台の椿山荘（ちんざんそう）脇の胸突き坂は、両側に鬱蒼と木が茂る中、階段が続いている。その西側、旧田中角栄邸近くの豊（とよ）坂は、S字状にクランクしている。坂の上や下が見えないので、曲がった先がどうなっているのか、期待する楽しみがある。

麻布・六本木型は、不規則なのが特徴である。北向きのもの、東向きのもの、下がって

からすぐ上るという二つの坂が向き合っているもの、車道が途切れてその先がいきなり狭い急な階段となるものなど、その姿はてんでばらばらである。麻布市兵衛町（現六本木1丁目）に「偏奇館」という居を構えていた永井荷風は、随筆『日和下駄』の中で、「坂は平地に生じた波瀾である」「（崖と坂が佶屈している風景は）大いに山の手の誇りとするのである」と記している。

麻布・六本木は町全体も不規則だ。六本木ヒルズや高級マンション、大国小国とりまぜて大使館があるかと思えば、角を曲がると意表をついて時代に置いてきぼりにされたような木造住宅が現れたりする。崖下にひっそりとうずくまるようにしてある墓地に出会いもする。「高級」「時代の先端」と、「庶民的」「古さ」が隣り合わせにあるかけがえのない地域である。

こうした特徴は、周辺の飯倉、高輪周辺にも見られる。この一帯でなぜ独特の特徴が生まれたのだろうか。大きな理由として、これらの台地が「古い年代にできあがった地形」だという点が挙げられる。

凸凹地図を見ると、麻布・六本木周辺には、麻布台地と飯倉台地、及びその南側に白金台地と高輪台地がある（38ページ地図参照）。これらの台地では、尾根が鹿の角のように複雑に伸びている。谷部分に目を転じてもリアス式海岸のように深く入り組んでいる。麻

麻布台地の狸坂。付近には様々な方向への坂がある

布・飯倉・白金・高輪の台地（以上の台地は別の呼び方もあり、本書では『新修港区史』に拠った）はいずれも自然地理学的には「淀橋台」に含まれ、その東南部にあたる。この淀橋台は、都内の周辺の台地、たとえば目黒台や本郷台などより形成期が古い。

関東平野の南部は、十数万年前は海だったとされる。そこへ気候の変化での海面の低下により陸地ができあがってきた。その陸地は、武蔵野台地（洪積台地）と下町低地（沖積低地）とに分かれる。武蔵野台地は、作られた時代により淀橋台など「下末吉面」（横浜市鶴見区下末吉の地層が代表的なので名づけられた）と呼ばれる地域と、目黒台など「武蔵野面」と呼ばれる地域とに分かれる。

下末吉面が形成された約12万年前は、武蔵野面はまだ多摩川の氾濫原や海面下になっていて、地形が確定していなかった。早くから台地ができあがった下末吉面は、その分、火山灰が長い年月の間に厚く堆積し、雨水による台地の浸食も進んだ。こうして谷が入り組む複雑な地形ができあがった。

下末吉面の東端は低地へと落ち込むため、川を流れる水の流れが速くなり、とくに浸食が進む。麻布、六本木周辺の地形が複雑なのは、そのためである。

武蔵野台地（『東京の自然史』貝塚爽平著（昭和 46 年）に加筆・修正。海岸線は刊行当時のもの）

高輪台地の幽霊坂
（港区三田４丁目）

4

六本木の丘と窪地
大名屋敷と庶民の家を一緒にした土地革命とは

六本木のランドマークといえるのが、平成19年オープンの東京ミッドタウンと平成15年オープンの六本木ヒルズだろう。いずれも同じ地上54階建てである。防衛庁があった国有地の払い下げを受けて、跡地に6年で完成させた東京ミッドタウンに対し、六本木ヒルズは完成まで17年もかかった。なぜそんなに長くかかったのだろうか。それには地形にまつわる江戸時代以来の歴史性が関係している。

東京ミッドタウンは北側の崖下に池があるものの、建物自体は比較的平らな台地上に建てられている。建物部分も池部分も、江戸時代は長州藩毛利本家の広大な中屋敷だった。いっぽう六本木ヒルズは、丘と窪地に跨る形で建てられた。北側の六本木通り側入口に対して、南側のけやき坂下側入口は約12メートルも標高が低い。ヒルズ内には数棟のビルがあるので、さらにややこしいことになる。「六本木通りレベル」「けやき坂通りレベル」といった表示がヒルズ内になされていて、前者のレベル表示で1階から入ったはずが、隣のビル棟に行くと後者のレベル表示で3階になっていたりするのだ。

ヒルズ内の丘だった部分にあたる北側は、長府毛利家の上屋敷だった。東京ミッドタウンと同じ毛利家でも、長府藩は長州藩の支藩筋にあたる。本家の中屋敷よりずっと狭いので、六本木ヒルズは隣接する南側の窪地にまで敷地を拡げた形となった。窪地部分は江戸時代、下級役人の組屋敷や町人地となっていた。湿地もあり、あまりいい環境とはいえない。大正時代には、丘部分に真田伯爵（旧松代藩主）の邸宅、窪地部分に庶民の住宅や小さな店が立ち並んでいた。丘の上には大邸宅、谷筋には庶民の暮らしという、いつの時代も揺るぎなかった階層社会のパターンである。

六本木ヒルズは、ここでそれまでの掟を破り、丘と谷との区分を消して一括して再開発した。窪地の密集住宅の権利関係は複雑で、地権者は４００件に及んだという。地道な買収交渉と、都市再生のための規制緩和を促す政治力と両面を駆使しての森ビルによる事業となった。それには多大な労力と年月が必要だった。

土地利用の革命ともいえるし、土地の歴史的記憶を断ち切ってしまう開発ともいえる。地価が安い窪地を、地価の高い丘と一括して開発してしまう経済的メリットは多大である。また防災面では明らかに利点がある。

同じ六本木付近で、現在六本木ヒルズに匹敵する大規模再開発が進んでいるのが、虎ノ門・麻布台プロジェクトである。我善坊谷と呼ばれてきた港区麻布台１丁目・虎ノ門５丁

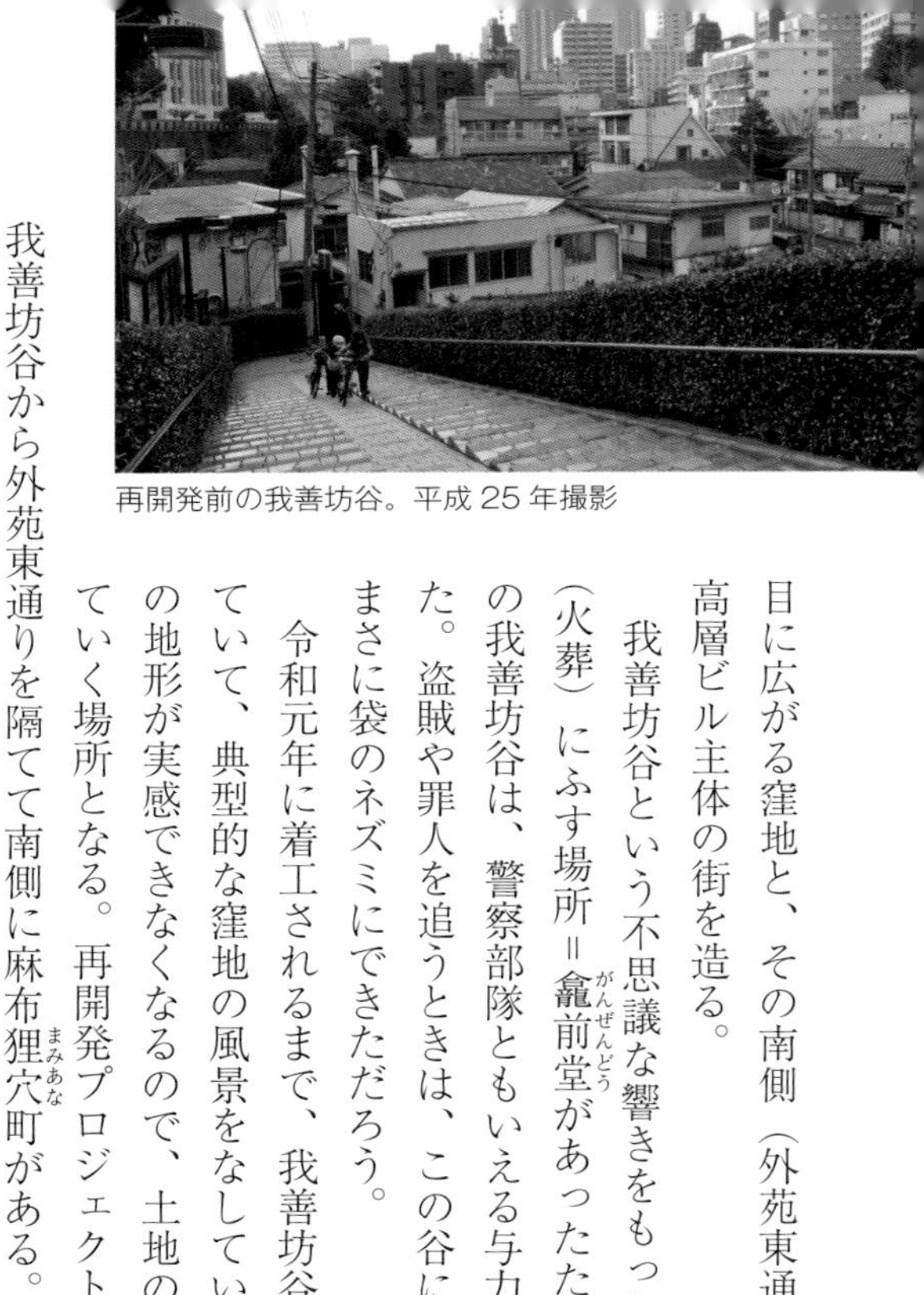

再開発前の我善坊谷。平成25年撮影

目に広がる窪地と、その南側（外苑東通り沿い）の高台をつなげて高層ビル主体の街を造る。

我善坊谷という不思議な響きをもったこの地名の語源は、荼毘（だび）（火葬）にふす場所＝龕前堂（がんぜんどう）があったためなど諸説ある。江戸時代の我善坊谷は、警察部隊ともいえる与力、同心が集団で住む町だった。盗賊や罪人を追うときは、この谷に追い込むようにしたという。まさに袋のネズミにできただろう。

令和元年に着工されるまで、我善坊谷には古い木造家屋が密集していて、典型的な窪地の風景をなしていた。街が完成すると丘と谷の地形が実感できなくなるので、土地の歴史的記憶がまた一つ消えていく場所となる。再開発プロジェクトの竣工は令和5年予定だ。

我善坊谷から外苑東通りを隔てて南側に麻布狸穴町（まみあな）がある。ここも地名から連想できるように典型的な窪地である。木造家屋も多かったが、近年再開発がだいぶ進んできた。

このほか、東京ミッドタウンの西側にも戦前、窪地を利用した施設があった。陸軍の歩兵第3連隊射撃場である。窪地なので的からはずれた弾でも敷地外に飛び出しにくいので、射撃場としてはうってつけの地形である。現在同地は倉庫などに使われている。

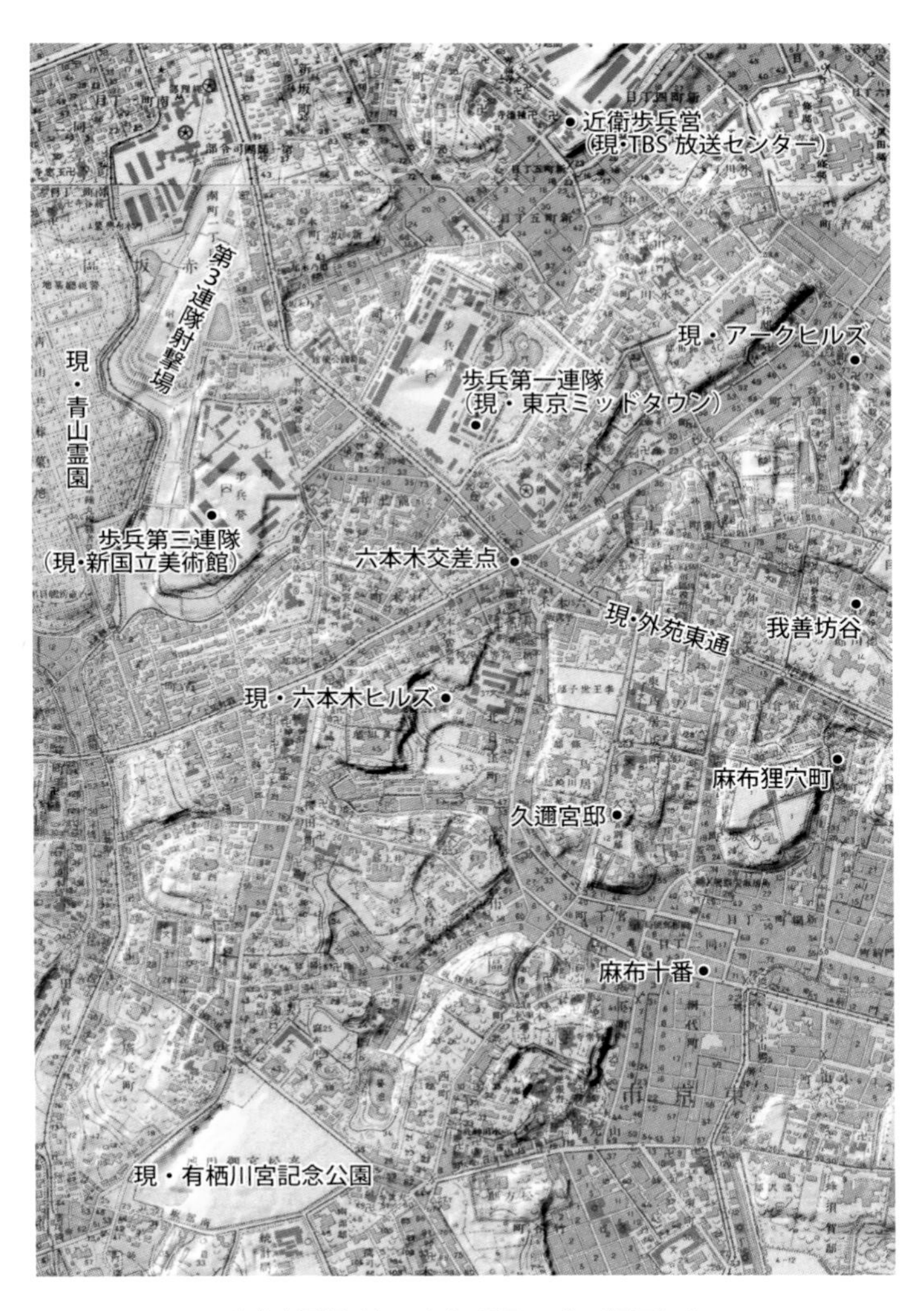

六本木周辺（大正５年修正測図１万分１地形図より）

なぜ皇族の館は皇居の南側に多かった？
高輪台に多かった皇族の館の行方は？

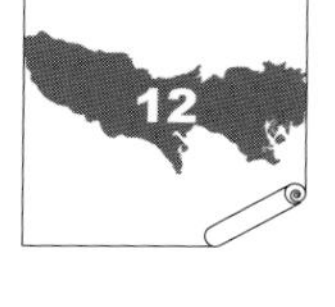

戦前には多くの宮家（みやけ）（皇族）があり、都心近くにそれぞれ大邸宅を構えていた。昭和22年の十一宮家の皇族離脱や男子後継者の不在により、現在の宮家は秋篠宮、三笠宮、常陸宮、高円宮（たかまどのみや）の四家となっている。

旧宮家の邸宅は、山手線内の南側半分に集中していた。都心の中でも先祖の地、京都に近い方を好んだのだろうか。理由は分からないが、地形でいえば淀橋台の地である。

その中でも麻布台、飯倉台、白金台、高輪台に多い。前述のとおり丘と谷が複雑に入り組む台地である。地形が複雑なので南向き、東向き、西向きなど眺めがいい丘が多く存在する。これらの台地に皇族をはじめ有力者の邸宅が多かったのは、それに適した高台がたくさんある地域だったためだろう。とくに高輪台の海が見える丘に皇族の邸宅が並んでいる。これらを列挙していくと次のようになる。

・飯倉台地　久邇宮邸　現東洋英和女学院
・麻布台地　有栖川宮邸（ありすがわのみや）　後の高松宮御用地　現港区立有栖川宮記念公園

・白金台地　朝香宮邸　戦後の一時期西武鉄道所有、現東京都庭園美術館
・高輪台地　北白川宮邸　現グランドプリンス新高輪
　　　　　竹田宮邸　現グランドプリンス高輪
　　　　　東久邇宮邸・朝香宮邸　現SHINAGAWA　GOOS
　　　　　華頂宮邸　現港区立亀塚公園
　　　　　高松宮邸　現高松中学校、仙洞仮御所（高輪皇族邸）

華頂宮邸だった亀塚公園（港区三田3丁目）の場合、山手線沿いの低地からアプローチすると、高低差約20メートルに及ぶ長い階段を上っていく。上りきると「月の岬」と呼ばれた東向きの丘の上の公園にたどりつく。今はビルなどで海はよく見えないが、昔は満月が海から上る光景がみごとだったろう。

同時期に皇籍離脱した宮家が邸宅を構えていた場所を都心のほかの地域（淀橋台北部）まで広げてみれば、以下のとおりである。東伏見宮邸（現虎ノ門病院）、伏見宮邸（現ホテルニューオータニ）、閑院宮邸（現衆議院議長公邸、エクセルホテル東急）、梨本宮邸（現青山パークタワー）、賀陽宮邸（現千鳥ケ淵戦没者墓苑）など。

西武グループの創業者、堤康次郎は戦後皇族の邸宅を買収して、東京のほか軽井沢（千ケ滝）、横浜などにプリンスホテルを建てていったことが有名だ。東京では品川駅近くの

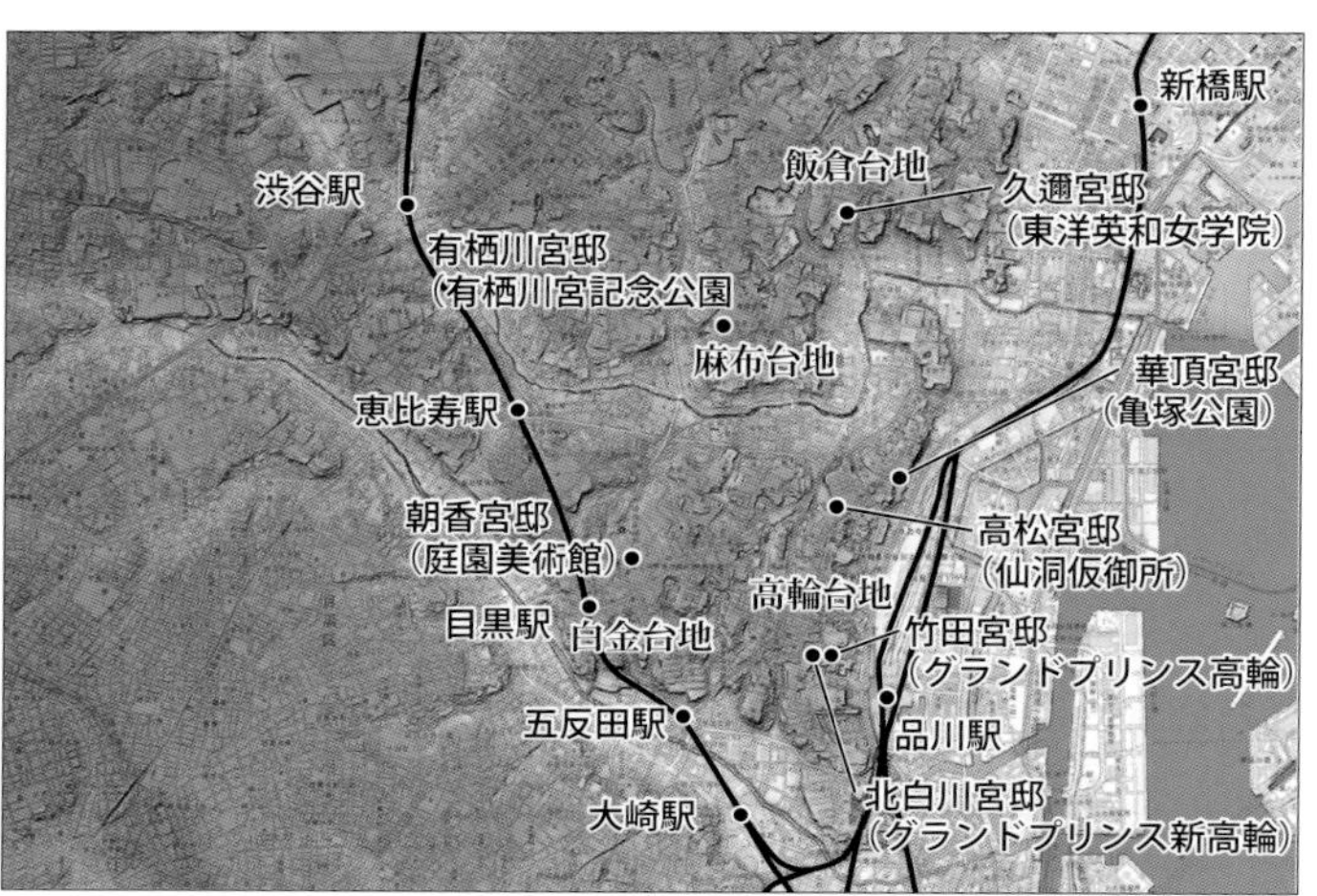

都心にあった多くの宮家と現在の姿（カッコ内）

北白川宮邸、竹田宮邸にプリンスホテルを建設している。そのほか目黒駅近くの朝香宮邸も購入し白金台プリンスホテルを計画したが、地元の強い反対に遭って断念している。

また李王（りおう）は韓国併合後、日本の皇族に準じる待遇を受けていた。赤坂プリンスクラシックハウス（旧グランドプリンスホテル赤坂旧館）は、昭和5年に建てられたチューダー様式の木造2階建ての洋館で、戦前は李王家東京邸として使われていたものである。

これら東京のプリンス系のホテルは、そうした歴史もあり敷地が起伏に富んでいるものが多い。

4

鉄道も川も人も、渋谷の地形ならではのぶつかり合いとすれ違い

25

渋谷の町は丘あり谷あり起伏に富んでいる。中でもJR渋谷駅は、スリバチ状の地形の底の部分に位置している。駅前にある渋谷スクランブル交差点は、そのスリバチの底の中心地ともいえる。六つの方向からの道がこの交差点へと集まってきている。

数十年前からこの交差点を見てきたが、近年とくにコロナ禍の前など、ここは独特の状況になっていたと思う。交差点に面したいくつかのビルの壁面や屋上に、巨大スリーンが設置されている。スポット広告や音楽が流され、交差点で信号待ちしていると、右から左から正面からと数方向から大音響が飛んでくる。ある時などは真後ろからミニ政党のマイク演説まで聞こえてきた。渋谷駅方面に向かって信号待ちしている時、山手線線路の向こうにそびえる渋谷

渋谷スクランブル交差点

スクランブルスクエア低層階に設置された巨大スクリーンが見えるのも印象的だ。

ミリオンセラーとなった又吉直樹の芥川賞受賞作『火花』にもここの描写がある。「いくつかの巨大スクリーンから流れる音が激突しては混合し（中略）街全体が大声で叫んでいるように感じられた」。

ここは様々なものがぶつかり合い、混合し、すれ違っている場所である。大勢の人だけでなく、地上と地下では何本もの鉄道路線が出合い、すれ違っている。さらにこの場所では、後述するように、川と水路も、現在では地下で合わさったりすれ違ったりしている。渋谷のスリバチの底の部分で鉄道路線、川や水路が集まってきているのは、単純な谷ではない独特の地形によるためでもある。渋谷の谷は、アルファベットのY文字の形で続いている。Yの文字を漢字の画数の方法で捉えると、第一画目、右斜め下への棒部分（文字の左上部分）が渋谷川支流宇田川の谷、第二画目、左斜め下への棒部分が渋谷川上流方面からの谷、第三画目、文字の下半分が渋谷川下流への谷である。Yの文字の真ん中部分、三つの棒の交点が渋谷スクランブル交差点やJR渋谷駅にあたる。なお、渋谷川については、第3章で詳述する。

鉄道路線としては、Yの文字部分を進んでいる限りは、谷沿いに走るのでたいした障害は出てこない。JR山手線は第2画目から第3画目へと走るのでトンネルなどはなく、線路はスムーズに伸びているように見える。

これが私鉄、地下鉄、道路ではそう簡単にはいかなくなっている。今度はY文字ではなく、¥文字でたとえると分かりやすい。加わった横棒二本は、上が国道246号のバイパスにあたる道玄坂と宮益坂、下が井の頭線と東京メトロ銀座線である。

道玄坂はスクランブル交差点から西に上る坂、宮益坂は東に上る坂である。鉄道は急勾配に弱くこの坂を上れない。そのため、Yの字からはずれた部分で鉄道が谷から外に出るにはトンネルを必要とした。井の頭線では渋谷駅ホームが地上より高い2階部分にあるのに、坂を上ることなど考えもしなかったかのように、渋谷駅を出るとすぐにトンネルに入る。東京メトロ銀座線にいたっては、青山方面の丘の地下から渋谷へと向かっていたはずが、渋谷の谷に至ると地上に顔を出してしまう。そのまま躍り出るようにして谷の上を高架で進み、渋谷駅ホームは渋谷駅東口のすぐ上に作られている。JR渋谷駅の地表が標高約15メートルなのに対し、銀座線が地上に顔を出す部分のトンネルの上の標高は約30メートル。この部分で渋谷の谷の深さが15メートルもある。

ここでの川や水路のぶつかり合いも、昔は単純だったが現在は複雑だ。Yの字の第一画、宇田川は、鍋島松濤（しょうとう）公園からの流れも集めながら、現在の渋谷センター街の下を流れてきていた。渋谷スクランブル交差点すぐ近く、現在の西武百貨店A館とB館の間を流れ山手線の線路をくぐる。西武百貨店はA館とB館の間に3本もの空中通路があるにもかかわらず、地下に両館をつなぐお客用の通路がない。宇田川が流れていた跡（下水路）があるので連絡通路を作れなかったためである。水路の下に業務用通路はあるという（ブログ「骨まで大洋ファン」による。http://kakuyodo.cocolog-nifty.com/blog/2014/12/ab-9a88.html）

第二画にあたる渋谷川上流部は、キャットストリートから山手線沿いのミヤシタパーク東端を進み、宮益坂下で宇田川と合流していた。宇田川と渋谷川上流部に関しては、現在かつての川跡に下水が流されている。地下水路となってしまったものの、ここまでの流れは比較的単純だ。ところがこの水は第三画部分の渋谷川下流へ向かうことなく、合流すると明治通り地下に別途作られた下水道管に導かれ、芝浦水再生センター（港区港南にある下水処理施設）へと向かってしまう。渋谷川とはまったく別のルートである。

それでは、現在渋谷川下流部や古川を流れる水はどこからやってきているのか。これも予想外の所からもたらされる。西武新宿線下落合駅すぐ近くに落合水再生センターがある。ここで下水は高度処理されアユなどが住めるきれいな水にされる。その水が地下深くに作られた水路を通り、渋谷駅付近で渋谷川に流されている。

渋谷スクランブル交差点付近の旧渋谷川では、流れる水の総取り替えが行われ、ここでは汚水（下水）ときれいな再生水とが、ぶつかることなくすれ違っているわけだ。

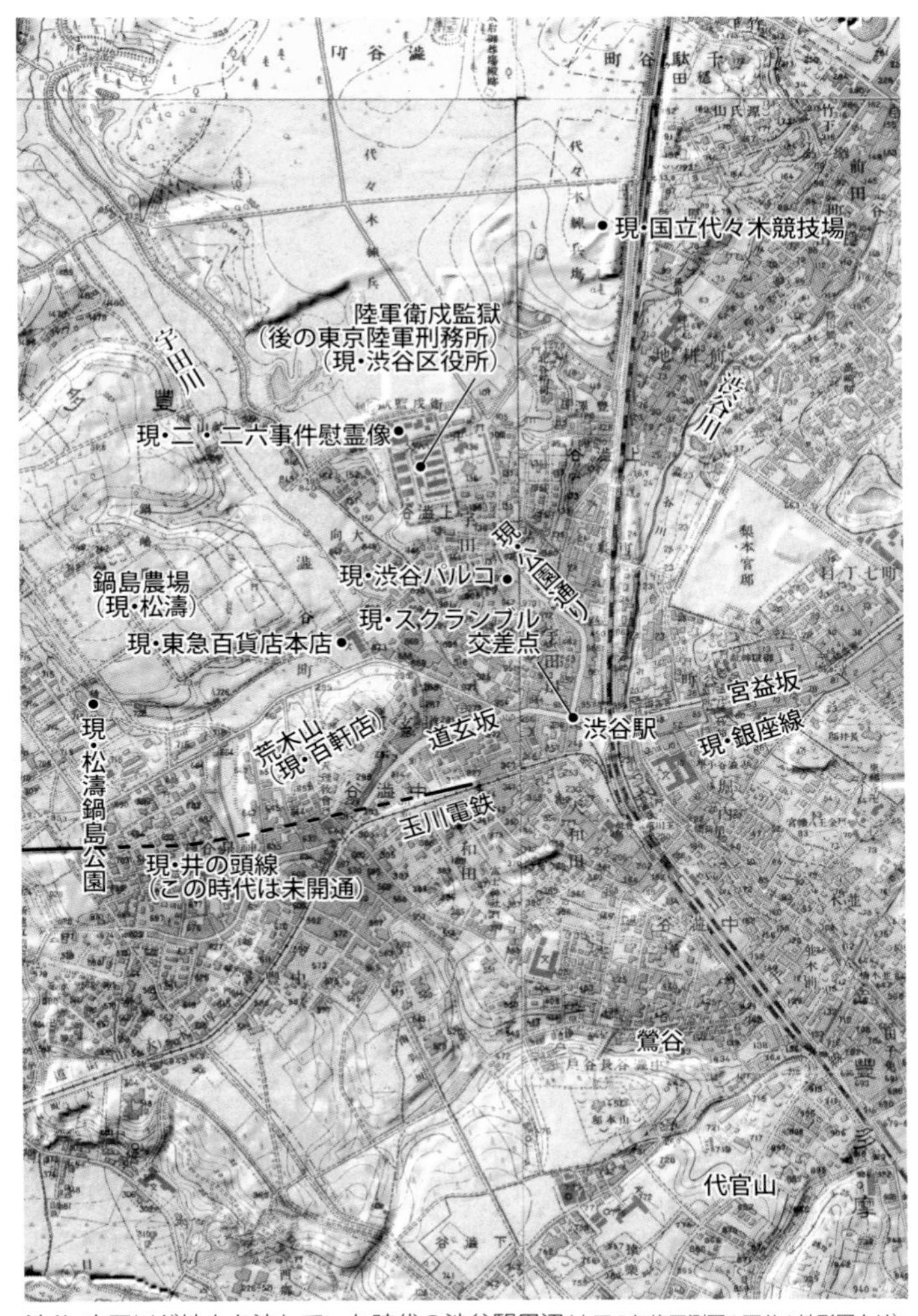

渋谷・宇田川が地上を流れていた時代の渋谷駅周辺(大正5年修正測図1万分1地形図より)

26 渋谷での「丘の西武VS谷の東急」と渋谷の丘にあった刑務所と農場

渋谷の町は谷と丘が織りなす起伏が魅力なので、丘の部分もふれておきたい。Yの字の一画目と二画目の間には、北から半島のように丘が伸びている。昭和48年、この丘の南端近くに西武グループによる渋谷パルコが開店した。丘の上と下を結ぶ大小の道が公園通り、スペイン坂などと名づけられ、周辺には若者向けショップが集まった。パルコのような大型店と共に、流行の発信地となる小さな店も路地や階段沿いにできていき、それは起伏が多く迷路のような道も多い渋谷ならではの魅力となっていった。

道玄坂の西側には百軒店（ひゃっけんだな）の丘がある。大正12年の関東大震災後、被災した下町の有名店を誘致して町全体を百貨店のようにしようとして名づけられた場所である。ここも西武グループの前身、箱根土地による開発だった。その西隣りが、花街で名高い円山（まるやま）町である。

こうした「丘の上の西武」に対抗するようにして、東急グループは渋谷駅付近の「谷」に展開していく。戦前から渋谷駅直結で百貨店を営業してきたのに加え、昭和59年に百軒店の丘下にあった東急百貨店本店を大リニューアル、平成元年には本店に隣接してＢｕｎ ｋａｍｕｒａもオープンさせた。

近年では渋谷駅付近の高層ビル化を推し進めて、平成24年渋谷駅東口に地上34階の渋谷ヒカリエ、そして令和元年にＪＲ東日本、東京メトロとの共同開発で駅上に渋谷で最も高い地上47階の渋谷スクランブルスクエア東塔を竣工させた。

渋谷パルコのある丘の北側では、渋谷区役所に隣接して平成30年に建替えられたラインキューブシブヤ（渋谷公会堂）がある。

この一帯は、戦前東京陸軍刑務所の敷地が広がっていた。昭和11年の二・二六事件では、重臣たちを殺害して逆賊となった首謀者の安藤大尉などがここに収監された。政治の腐敗を憂えて昭和維新を合言葉としたクーデターを起こしたものだったが、同刑務所内で首謀格19名が処刑されている。処刑場があったとされる地には、現在刑死者、二・二六事件の犠牲者共に含めた慰霊像が建てられている。処刑場は敷地内でも高い場所にあったようだ。

明治時代以降、東京の刑務所は、谷ではなく丘の上に建てられたものが多い。市谷刑務所（新宿区富久町・現都営アパートなど）、巣鴨拘置所（現サンシャインシティ）などいずれも坂を上った所に位置している。

東京陸軍刑務所の記録を見ると、ここに立地させたのは乾燥して衛生的な土地のため、とあった。その理由もあるかもしれないが、ほかの刑務所まで含めて考えると、脱獄者を

二・二六事件首謀者の処刑地付近に建てられた慰霊像（渋谷区宇田川町）

捕えやすいからではないかとも思う。東京での例外として東京拘置所（旧小菅刑務所）は平地にあるが、こちらは周囲を運河が囲んでいて、見るからに脱獄しにくい。

　これらの丘と宇田川を挟んで対岸にあるのが、住所でいえば松濤や神山町の丘である。超高級住宅地として名高いこの一帯は、大正時代まで人家がなく広大な農場だった。旧肥前藩主鍋島家が明治維新後に手に入れた土地で、鍋島家は失業した旧藩士の働き口として茶園・松濤園をここに開いた。その後果樹園・牧畜などの鍋島農場へと転換させていった。

　関東大震災後、３万坪あった鍋島農場を約２００坪単位で分譲した。丘の上という好立地で、一区画を非常に広く取ったのが、超高級住宅地となった理由だろう。現在旧鍋島邸だったごく一部が、松濤鍋島公園となっている。ここも現在の公園を訪れて、昔の大名家は広い土地を持っていたと思いがちだが、鍋島農場はこの公園の面積の優に10倍以上の広さがあった。

なぜお寺の墓地は窪地に多く広い霊園は丘の上に立地しているのか

神社の永続性について前述したが、寺院の場合は栄枯盛衰の荒波をかぶってきている。43ページの図では、寛永寺、護国寺、増上寺、本門寺などが、神社と同じく岬のような地形の部分に立地している。これらの寺院は、創建時に最高の立地を獲得していたといえるだろう。

上野の寛永寺と芝の増上寺は徳川将軍家の菩提寺で、江戸時代に隆盛を極めた。寛永寺の例では、寺域は現在の上野公園よりも広く、30万坪もあった。武蔵野台地が最も東にせり出した場所に、広大な敷地を占めた大伽藍をなしていたわけである。現在の東京国立博物館付近が境内の中心で、そこに本坊や根本中堂があった。だが徳川幕府が倒れる戊辰戦争の際、彰義隊がここに陣取ったため、官軍の激しい砲撃により境内はほぼ焼き尽くされてしまった。増上寺も太平洋戦争の空襲で霊廟が焼けた。両寺ともその後の姿は、全盛期には程遠い。

お寺の場合はこうした戦災のほか、都市の拡大により幕府による強制的な移転命令、関

緑に囲まれた丘の上に広がる青山霊園。背後は六本木ヒルズ

東大震災による被災とその後の都市計画による移転など、様々な要因で移転を余儀なくされた例が多い。移転先はまだ土地が利用されていなかった所、すなわち当時の郊外だったり、都心近くでは概して谷の奥や窪地などとなった。

お寺は、明治初期の神仏分離令による廃仏毀釈運動の荒波も受けた。明治政府は、天皇制を確固とするために、神道国教化の方針を打ち出した。そのため、建物や仏像の打ち壊しが行われた寺が数多くある。お葬式もお寺ではなく、神式葬儀へと変えた人たちもいた。

ここで困った問題が起きた。既存の墓地は寺院の所有だったので、神式で葬儀を行った場合、埋葬するお墓がないのである。

キリスト教会も東京には墓地がない。廃仏毀釈の嵐は過ぎ去ったものの、政府や東京府は墓地を作る必要に迫られた。そこで公営墓地の建設に乗り出すこととなる。

港区南青山の広大な霊園、都営青山霊園を例にとってみよう。明治神宮外苑の南側、東西を谷に囲まれた台地すべてが現在も墓地となっている。ここは江戸時代、美濃国（みののくに）郡上（ぐじょう）藩主青山家の下屋敷だった土地である。東京府はこの敷地をそのまま墓地とした。明治5年に神式の墓地、同7年に神式に限らない公共の墓地となっている。当時は東京市街の町はずれにあたり、市街から遠すぎもせず広大な土地があり、墓地にはうってつけだったのだろう。

青山霊園（当時の名称は青山墓地）とほぼ同時期に、谷中墓地、雑司ヶ谷（ぞうしがや）墓地、染井（そめい）墓地が公営の墓地として作られている。いずれも現在都立霊園となっている。谷中が若干市街に近いが、雑司ヶ谷、染井などは、当時の典型的な町はずれである。これらの墓地は、お寺の土地を没収したり、旧藩主の屋敷跡を利用したりして作られた。当時都心近くで手っ取り早く広大な土地をまとまって得るには、そうせざるを得なかった。これらの土地は皆、丘の上にあった。

現在都心で、中小の墓地が窪地に多くあるのは、お寺の墓地だから。広い墓地が丘の上にあるのはかつての大名屋敷などの公営墓地だからといえるだろう。

目白台・早稲田・神田川北の丘
総理大臣の邸宅が並ぶ、権力の館の丘

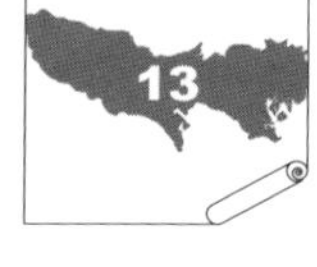

世界的にも巨匠と称された映画監督、黒澤明の作品に『天国と地獄』（昭和38年）がある。丘の上に邸宅を構える製靴会社役員の息子を、近くの丘の下のアパートに住む医学生が誘拐（実際は間違って息子の友達を誘拐）し、刑事たちが犯人を追いつめていく。サスペンスドラマの傑作として評価が高い。

会社役員に三船敏郎、犯人に山崎努、刑事に仲代達矢らが配役された。ラストシーンの刑務所で山崎が三船に対し「自分たち下界のアパートでは夏は暑くて眠れない、冬は寒くて眠れない。そんな所から見上げていると、あなたの家は天国のように見えましたよ。毎日見ているとしだいにそれが憎悪に変わってきた」という。実際のロケは横浜市西区、京浜急行南太田駅付近の丘の上と下などで行われている。

毎日見下ろされているとそれが憎悪に変わるというのは、屈折した心理状態の人間特有のものかもしれないが、こうした見下ろし見下ろされるという地理的状況が、大物の政敵同士で現実にあった例がある。政敵に日夜見下ろされていたとしたら、敵意が増してもおかしくない気がするが、実際はどうだったろうか。

この状況は、山縣有朋と大隈重信の関係である。山縣は長州藩（山口県）出身、薩長藩閥の最高実力者であり、第３代・９代の内閣総理大臣になっている。陸軍の法王ともいわれた。一方大隈は、藩閥政治打倒をめざし立憲改進党などを作った政党政治家であり、薩長藩閥以外から初の総理大臣（第８・17代）になった。

以前別の本で書いたことがあるが、この二人には不思議な縁がある。生年が天保９（１８３８）年、没年が大正11（１９２２）年と二人とも同じである。大隈内閣（８代）のあと山縣内閣（９代）と続くのも因縁めく。そして、山縣の邸宅だった現・椿山荘と、大隈の邸宅だった現・大隈庭園とは、３００メートルほどの至近距離にある。その間には神田川が流れ、丘の上にある山縣邸は標高25メートル、大隈邸は標高６メートル。大隈重信は毎日のように山縣有朋に見下ろされていたことになる。

大隈重信が、なぜこうした低地を邸宅に選んだのが不思議に思っていた。大隈がこの地を邸宅にしたのが明治20年。山縣はそれより以前、西南戦争に勝利をおさめた後の明治11年、現・椿山荘の地形がいたく気に入り購入している。

ここから少し憶測を含めた余談になるが、佐賀県佐賀市の大隈重信の生家を訪ねた時のことを思い出したら、その理由が分かった気がした。生家は佐賀城から濠を隔てたすぐ東側にある。生家周辺はクリーク（小運河）が網の目のようにはりめぐらされている。

大隈重信が、現・大隈庭園の地に居を構えた当時、そこには新宿歌舞伎町付近を源流とする蟹川という名の小川が流れていた。明治14年の地図を見ると、一帯は水田で、蟹川の水は大隈の邸宅となる地にある池へと一部引き込まれているほか、枝分かれして神田川へと注いでいる。クリークの多い佐賀市の生家の土地の様子によく似ているのだ。

さらに言えば、佐賀城と生家の位置関係が、大隈が創立した東京専門学校（現・早稲田大学）と大隈の邸宅との位置関係に似ている。生家や邸宅から見ると佐賀城や東京専門学校はすぐ近くの西側にあたり、生家や邸宅より若干標高が高い。大隈はここを自邸にすることにより、東京専門学校を郷里の佐賀城に見立てたのではないだろうか。こうしたことを考えれば、山縣邸に見下ろされる土地であろうと、それはたいした問題ではなかったのかもしれない。大隈の気持ちはあくまで想像だが、地形を眺めているといろいろな想像が膨らんで楽しい例として読んでいただければと思う。

椿山荘のある神田川の北側の台地には、歴代の総理大臣の邸宅が連なるように存在し、まさに権力の館の丘といった様相を呈している。なぜこの台地が権力者たちに好まれたのだろうか。地形的特徴を考えてみよう。
・南向き、日当たりのいい丘の斜面が、神田川沿い東西に続いている

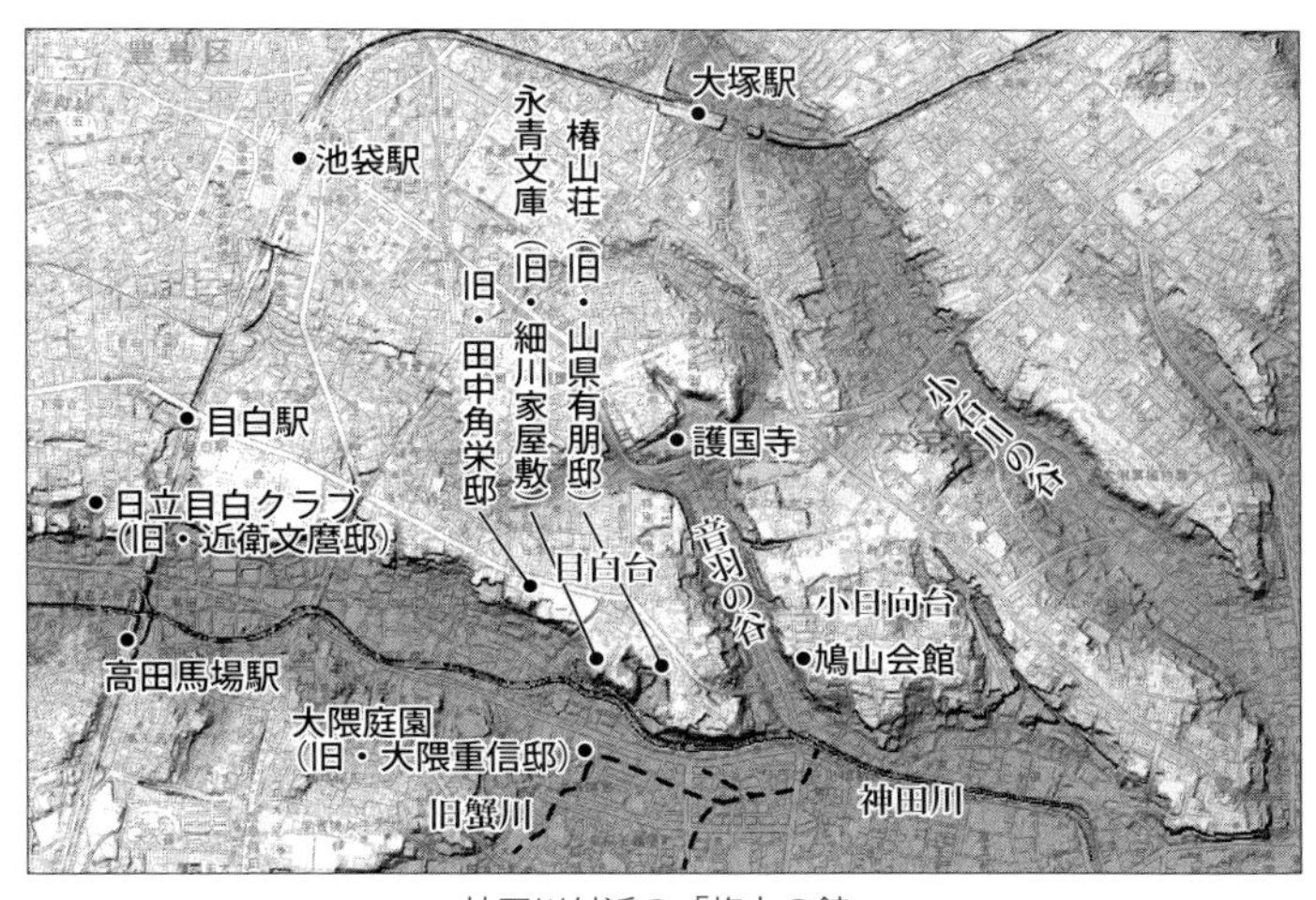

神田川付近の「権力の館」

・丘の下の神田川の谷は、他の都心の中小河川の谷より広い。また谷の向こう、南側にも丘があるが、その丘が低い。つまり神田川の谷は地理学用語でいう「非対称谷」である。ということは北側の権力の館の丘側から南に向けての眺望がいい。

山縣有朋に注目すると、彼は無類の作庭好きとして知られる。京都の無鄰菴（むりんあん）など全部で八つの邸宅と庭園を残した。とくに椿山荘の地は、台地に神田川が最も迫り、台地内では湧水が台地を浸食してミニ渓谷を成し、複雑な地形となっている。こうした環境が、彼の眼鏡にかなったのだろう。

眺めのいい地形と山縣が権力の館を築いたことで、その後も総理大臣の邸宅や旧大名の屋敷が建てられていくこととなったと思われる。

この台地上の権力の館を順に見ていこう。有名な所からいえば、音羽1丁目の鳩山会館が挙げられる。小日向(こひなた)台の丘が、岬のように神田川の低地にせりだした西端に位置している。鳩山会館の門は、目白台と小日向台との間に伸びる音羽(おとわ)通りの谷底にある。門を入るとジグザグ状に坂を上る。ビルでいえば7階分くらいの高さを上ると、忽然(こつぜん)と美しい洋館が現れる。鳩山和夫(元衆議院議長)がこの地に居を構えたのが明治24年、その長男、鳩山一郎(第52~54代総理大臣)によって現在の洋館が建てられた。

鳩山会館は、その孫の鳩山由紀夫(第93代総理大臣)、鳩山邦夫(元文部大臣)など、政治家一家ゆかりの建物として知られてきた。鳩山会館は現在一般に公開されていて、洋館や庭園などを見学することができる。庭園を囲むようにして背の高い木が植えられ、それがまったく下界とは別世界にいるような効果を生んでいる。現在音羽通りには10階建て以上のビルが立ち並んでいて、実はこれらの木々がなければ、ビルから洋館を覗かれてしまう。見下ろす側だったはずが、木で遮断しなければ見下ろされる側になってしまった。明治時代にこの地を購入した時は、思いもよらなかったことだろう。

その西側の目白台では、目白の闇(やみ)将軍と呼ばれた田中角栄(第64・65代総理大臣)の邸宅が有名だった。目白通りを隔てて日本女子大学の正門と向き合う場所にある。「野党精

椿山荘の庭園。丘の上にはホテルのほか室町時代の三重塔が移築されている

神」をうたう早稲田大学を見下ろす地で、与党自民党の将軍格の邸宅としてはうってつけの立地に思える。かつての田中角栄邸の一部は、文京区立目白台運動公園になっている。

旧田中邸のすぐ東側には、旧熊本藩主細川家伝来の美術品を収蔵、展示する永青文庫（えいせいぶんこ）がある。ここは細川家の屋敷跡であり、永青文庫は16代当主の細川護立（もりたつ）によって設立された。その孫が細川護熙（もりひろ）（第79代総理大臣）である。彼は総理大臣時代ここを邸宅としていたわけではないので権力の館とはいえないかもしれないが、現在永青文庫理事長を務めている。永青文庫の丘下には、背後の台地を山に見立てた池泉回遊式庭園の肥後細川庭園が広がっている。

4

憧れの地？　城南五山 池田山、島津山を有名にした女性皇族

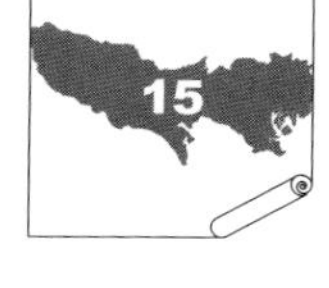

城南五山と呼ばれる山がある。ＪＲ山手線の品川駅から五反田駅、目黒駅にかけての山手線の内側に位置する山で、八ツ山、御殿山、島津山、池田山、花房山(はなぶさやま)を指す。とくに島津山と池田山は、戦後の比較的早い時期から高級住宅地のイメージで知れ渡っていた。これは大ブームや流行語を生みだした若い女性皇族の影響が大きい。

昭和天皇の第４皇女と第５皇女が、それぞれ臣籍降下した池田厚子と島津貴子である。池田厚子は昭和27年、池田隆政と結婚。夫の隆政は岡山藩主池田氏の第16代当主である。島津貴子は昭和35年、薩摩藩主島津忠義の孫、島津久永と結婚した。結婚会見での彼女の話ぶりは、従来の皇族女性とはまったく異なった明るい口調のものだった。会見がテレビやラジオで何度も流され、人々はそれに新しい時代の到来を感じた。「私の選んだ人を見て下さって…」の言葉は当時の流行語にもなっている。

一方池田山を決定的に有名にしたのが、現・上皇后の美智子妃殿下だった。旧姓正田(しょうだ)美智子。昭和34年のご成婚の折は日本じゅうが沸きたった。可憐な姿はミッチーブームを引

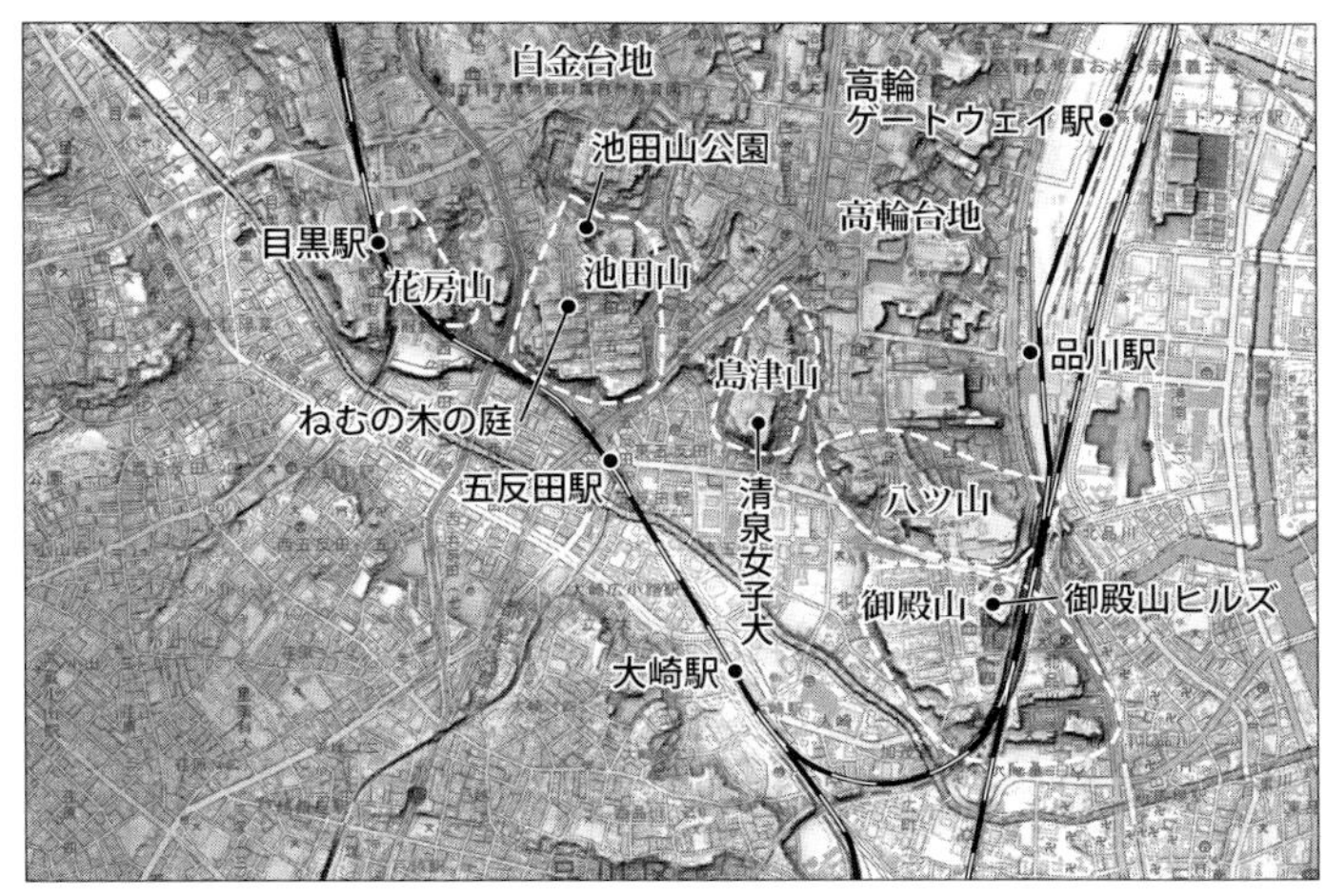

城南五山

きおこし、結婚の様子やパレードをテレビで見るためにテレビが各家庭に大幅に普及した。池田山にあった正田邸も盛んに報道され、瀟洒な邸宅の姿は人々の目に焼きついた。ちょうど昭和30年代半ばのほぼ同時期、島津山と池田山の名は、皇室女性のイメージと共に知られるようになった。

島津山（品川区東五反田3丁目付近）から述べていくと、薩摩藩主の島津家が明治初年、小高い丘の上に敷地2万坪を超える邸宅を構えた。江戸時代は仙台藩伊達家の屋敷だった場所である。大正4年、邸宅内にジョサイア・コンドル設計のルネサンス様式の洋館が建設される。館内の設備や調度品は、画家の黒田清輝の指揮によって整えられたという。

昭和初期の金融恐慌で島津公爵家の財政が傾くと敷地の大部分を売却、戦後島津邸の洋館はGHQに接収されるなどしたが、その後清泉女子大学が購入。現在は大学本館として活用されている。正面玄関のステンドグラスには、島津家の家紋である「丸に十の字」があしらわれていて、島津邸だった時代を今に伝えている。緑豊かな清泉女子大が広い敷地を占めているため、遠くから見ると城南五山の中でも島津山が最も「山」らしく感じる。

池田山（品川区東五反田5丁目付近）の地は、江戸時代岡山藩池田家の屋敷だった。明治維新以降、多くの大名が江戸に持っていた屋敷を手放すなか、この屋敷は池田侯爵家がそのまま所有を続けた。敷地の一部は現在池田山公園となっている。この公園は池泉回遊式庭園の趣を残していて、池部分と高台部分とは高低差が15メートル近くある。約2100坪あり、訪れた人が「昔の大名屋敷は広かったのね」などと話しているのを、筆者は何度か聞いたことがある。その度に「実は屋敷はもっと南側までこの5倍の敷地で広がっていたんですよ」と声をかけたくなってしまう。この公園はかつての奥庭で、屋敷内にはこのほか鴨場まであったという。

大正時代後半に、池田邸の大部分が分譲され、高級住宅地へと移り変わった。美智子妃の実家の正田家もこの分譲地にあった。かつての正田家の邸宅地は、現在「ねむの木の庭」として公開されている。

八ツ山の西端から低地を隔てて、木々に囲まれた島津山の清泉女子大学を望む

池田山の北西、現在首都高速目黒線が走る谷を隔てた向こうの丘が花房山（品川区上大崎3丁目付近）である。岡山藩の旧臣で外交官、日本赤十字社長を務めた花房義質（よしもと）が明治時代ここに別邸を設けたことで、いつしか花房山と呼ばれるようになった。

城南五山の残り二つのうち、JR品川駅の西側の丘が八ツ山である。現在八ツ山の南部は、三菱グループの迎賓館である開東閣となっている。1万1200坪ある広大な敷地は非公開で、外からはこんもりとした緑の山に見える。この場所は初代総理大臣となった伊藤博文の屋敷だった所である。伊藤博文は維新の志士だった若い頃、品川宿の遊女屋などへ通いつめていたことがよく知られている。位人臣を極めた後、若い頃の思い出の地を見下ろす地に邸宅を建てたこととなる。その邸宅を三菱財閥の創業者岩崎弥太郎の長男、岩崎久弥が明治22年に購入、後に岩崎弥之助が譲り受けた。弥之助は敷地内にコンドル設計の洋館（現開東閣本館）を建てている。

八ツ山の南に御殿山がある。江戸時代初期、将軍が鷹狩の休憩所などに使う御殿があったのが名前の由来とされる。品川の海が見渡せ、花見をはじめ江戸庶民の行楽地にもなっていた。明治維新後、御殿山には原六郎邸、益田孝邸が隣り合っていた。両名とも幕末の志士、維新での軍隊経験を経て日本経済を動かす実力者となった人物である。原は横浜正金銀行頭取を務め、破綻しかけていた同行の中興の祖といわれた。益田は三井財閥の大番頭として名を馳せた。原邸は現在御殿山ヒルズ、益田邸はミャンマー大使館などに姿を変えている。

現在「城南五山」という言葉は、不動産広告でひんぱんに使われる。「憧れの地・城南五山のマンション」といった形だが、それぞれの山の下に立地するものにも、これら城南五山の名がつけられているのをよく見かける。筆者は島津山の南の低地で生まれ育ったが、少なくとも昭和50年代くらいまでは五つの山を総称して呼ぶ「城南五山」という言い方を聞いたことがなかった。地名として有名にしたのは、不動産業界の人々ではないだろうか。地名普及の一つの例である。

4

16 虫の音聞きの名所、道灌山
西に富士山、東に筑波山を仰ぐ奇跡の地形

「歴史地理の問題です。江戸時代、『西に富士、東に筑波』両方が見える眺望の地として訪れる人が多い場所がありました。歌川広重の浮世絵『〇〇〇虫聞之図』（〇に地名が入る）など当時絵にも多く描かれました。現在の山手線の内側の地です。そこはどこでしょう？　凸凹地図を見ていくと分かりやすいのがヒントです」

こんな問題を出されたとしよう。都心の高所から西を一望すると秩父、丹沢の山々が続く中、抜きんでて高い富士山が目に入る。東や北を見ると高い山はあまり見当たらない中、独立峰のようにしてそびえる筑波山が目立つ。筑波山は標高８７７メートルと富士山よりずっと低いものの山頂には筑波山神社があり、古来霊山として敬われてもきた。江戸時代、それらが同時に見られた場所とはどこだろうか。

山手線の内側に、周囲を圧するほど高い丘があれば、そこからは東西二つの名山がよく見えるだろう。けれどもそうした丘は存在しない。現在山手線の内側で一番標高が高いのは箱根山だが、山頂は狭いし、江戸時代は尾張徳川家の下屋敷の中なので、庶民は入るこ

とができない。

西と対比しての東という意味で東の筑波山といわれていたが、実は筑波山は江戸の北北東にあたることもヒントとなる。武蔵野台地の東北端の高台なら筑波山の眺めはいい。凸凹地図を見ると上野の山から日暮里、田端、王子の飛鳥山方面へと、地図でいえば右下から左上へと斜めに細長い台地が続いている。北東方向を遠望するにはうってつけの台地である。同時に富士山を見るにはどうしたらいいかとこの台地を地図で追っていくと、一カ所非常に特異な地形に気づくだろう。現在の西日暮里駅付近、道灌山と呼ばれる地点（38ページ地図）である。

ここだけ台地の幅が数十メートル程度しかない。その西側はかつて藍染川が流れていた広い谷である。これなら西に富士山も見えたはずだ。これほど狭い台地は東京じゅうでもきわめて珍しい。この台地の東側は縄文時代の一時期には海だった（118ページ参照）。

道灌山という名の由来は、太田道灌の出城があったためなど諸説がある。江戸市街からも徒歩1～2時間程度で行けるので、秋になると月を見ながら松虫や鈴虫の音を聞くために江戸市中から多数の人で賑わったという。現在の道灌山には、多数の東大合格者で有名な開成高校・中学などが立地している。また明治から大正にかけては岩倉具視の分家の邸宅があった。明治時代屈指の権力者だっただけあり、さすがにいい土地を獲得している。

07

名だたる超低山の愛宕山 江戸・東京で高いものの高さ比べをしてみると？

大正14（1925）年、日本で初めてのラジオ放送が始まった。それに先だち、電波を発信するアンテナを高い所に建てなければならない。上野の山（上野公園）、代官山、赤坂見附東側の高台などが候補地とされたが、結局江戸時代から市街の眺めが素晴らしいことで有名だった愛宕山山頂に鉄塔を建設することで落ち着いた。

都心には、「名だたる超低山」がいくつか存在する。新橋駅の西側に位置する愛宕山はその代表格で、標高約26メートル。「山」と呼ばれ、三角点のある天然のものとしては、23区内最高峰といわれている。NHKの前身である東京放送局はここに地上45メートルの電波塔を二基建てて、ラジオの本放送を開始した。塔の先端は標高約70メートルとなる。

「江戸・東京23区の標高の高い場所、高いもの」の高さ比べをしてみよう。江戸城天守閣のてっぺんは、標高でいえば約75mだった。明暦の大火（1657年）で天守閣が焼失してから270年近くを経てもまだ、都心にある建造物で江戸城天守閣の高さ（標高）を超えたものはなかったと思われる。

以下少しこだわって高さ比べを続けてみよう。江戸時代、五重塔が上野寛永寺、芝増上寺、谷中天王寺、浅草寺、池上本門寺に建てられていた。標高の高い池上本門寺を例にとれば、標高27メートルの地に高さ約32メートルの五重塔が建っている。足して59メートル。残念ながら江戸城天守閣の高さ（標高）には及ばない。さらに調べてみると、明治23年に竣工した人が上れる展望塔の凌雲閣、通称浅草十二階の高さが52メートル。大正12年竣工、東京駅前の丸ビルが高さ33メートル。両者とも低地に建てられているので、これらの最上部の標高は上記のものには達しない。

愛宕山のほか、「山」と呼ばれる天然の超低山にはどんなものがあるだろうか。飛鳥山（JR王子駅南側、標高25メートル）、待乳山（浅草駅北方、標高9・7メートル）、八ツ山・御殿山・島津山・池田山・花房山の城南5山（標高約20～30メートル）などが有名だ。新宿区の箱根山は前述のとおり標高44・6メートルあり愛宕山よりずっと高いが、尾張徳川藩の屋敷内の庭園に人工的に築かれた山である。

愛宕山はあくまで「山」と呼ばれる天然のものとして23区内で最も高い。23区内の西側半分に広がる武蔵野台地は西に向かうに連れて標高が高くなる。練馬区南西端あたりでは、標高が約58メートルあり、愛宕山の倍以上の標高となる。

都心にビルが林立した現在では、愛宕山がさほど有名ではなくなったように思える。だが現在でも愛宕山を訪れると、超低山ながら意外なほど「山」らしい感じがする。まず山腹をぶち抜いて愛宕隧道（ずいどう）が貫いている点が印象深い。ポータル（出入口部分）は石積みで風格を感じさせる。昭和5年の竣工、長さは76・6メートルある。

男坂、別名「出世の石段」の存在も大きい。急な86段の階段で山頂の愛宕神社へと登る。江戸時代、ここを馬で登った侍が馬術名人と名を轟かせたことにより出世の石段の名がついた。隣にやや傾斜が緩やかな女坂もあるが、男女とも男坂を上る人の方が多いようだ。

愛宕山と愛宕隧道。トンネルの上には愛宕神社の鎮守の森が広がる

また、愛宕隧道の東側出入り口には、山頂までのエレベータも設けられている。私ごとながら、ここのエレベータに乗り、後日飛鳥山の飛鳥山公園モノレールに乗車し、それ以前赤坂見附の南側、外堀通りから日枝神社へと上る長い屋外エスカレータに乗ったことを思い出した時、都心の超低山への乗り物を制覇したと感じた。飛鳥山公園モノレールは延長48メートル、標高差17メートル。遊園地の中にあるような不思議な乗り物である。

東京下町には井戸がなかった 京都と東京で決定的に違う水事情とは？

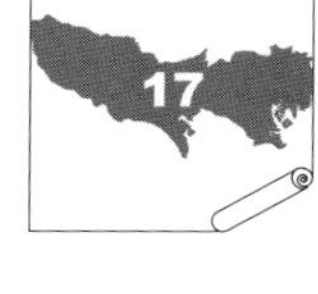

東京と、それ以前の都だった京都とでは、平野と盆地という地形上の大きな違いがある。この相違は誰にでも分かりやすい。もう一つあまり注目されていないが、人々が暮らす上で決定的な自然条件の相違があった。地下水の量がまったく異なるのである。

京都盆地には、鴨川の伏流水が流れている。盆地の地下に天然の岩盤によるダムが形成されていて、多量の地下水を堰き止める構造となっている。京都盆地は巨大な地下ダム湖の上にあることとなる。そのため、平安時代の昔から、２メートルも井戸を掘れば、鉄分の少ない良質の水を豊富に得ることができた。

東京の下町低地は、通常の井戸を掘っても塩分が混じり、生活用水として利用できない。江戸時代前半までの井戸はいわゆる浅井戸で、通常は3メートル程度掘ったものだった。江戸時代中期の１７２０年代になって、地下の岩盤を貫いて深く掘ればきれいな真水があることが発見された。大発見だがこうした掘り抜き井戸は深さ10メートルを超えるものも多く、掘るのが大変である。

ある取材で東京市による昭和12年の井戸調査結果を見る機会があり驚いた。この時代には、井戸を掘る機械も江戸時代とは比べものにならないほど発達していたはずである。結果によれば、日本橋、京橋、下谷、浅草、本所、深川、城東の各区では、井戸があってもその4分の1は飲用に不適で、井戸の数も人口5パーセントに対して井戸1カ所程度しかなかった。当時の人口から計算してみると、この地域では、数千人に対して一つの井戸しかなかったこととなる。飲用に不適とは、メインテナンスが不備だと、上の方の壁の継ぎ目から塩水が浸みだしたり、下水から漏れた屎尿が混入してしまうからだ。昭和の時代では近代的な上水道が普及していたので、これら下町地区には井戸がなくても人が住めた。

この時代の東京の人は井戸を利用する習慣がなかったのかといえば、そうではない。同調査では、目黒、荏原、世田谷、淀橋、中野、杉並、滝野川、板橋、豊島の各区では、人口30人以内につき1カ所の井戸があった。これらは武蔵野台地にある区である。井戸を掘って真水が湧けば無料で水が手に入るので、井戸を利用する習慣はあったわけである。

これらの調査結果は、下町地区がいかに井戸からは真水を得るのが難しく、江戸時代には、ほかから水を供給されなければ、この一帯に人が住むことができなかったことを示している。ほかからの水とは、神田上水と玉川上水で、徳川幕府はこうしたインフラの整備に多大な労力をかけることとなる。

18 玉川上水① 神田上水との相違は8階建てマンションと2階建ての木造家屋の違い？

唐突かもしれないが、江戸城と江戸の町を8階建てのマンションにたとえてみよう。それぞれの場所の標高と連動させながらたとえてみると、4階あたりから8階まで（江戸城本丸や天守）は将軍の居室や大奥があり、2〜3階あたり（内濠の内側）は武士たちが、1階（城下）は、武士と町民など様々な人が大勢住んでいる。マンションの屋上には大きな給水塔があり、各部屋へはそこから水を供給する。

この給水塔へ水をもたらすために作られたのが玉川上水といえる。給水塔にたとえた玉川上水終点の地が四谷大木戸で、標高約34メートル。電動ポンプのない時代、この給水塔へどうやって水を送りこんだのだろうか。

この高さに水をもたらすには、ほぼフルマラソンの距離にあたる43キロもの水路の建設が必要だった。現在23区内では埋められた部分が多く目立たない存在だが、かつては自然の川のように水が流されていたのが玉川上水である。

玉川上水は江戸に幕府が開かれてから50年目の1653年、幕府から工事を請け負った

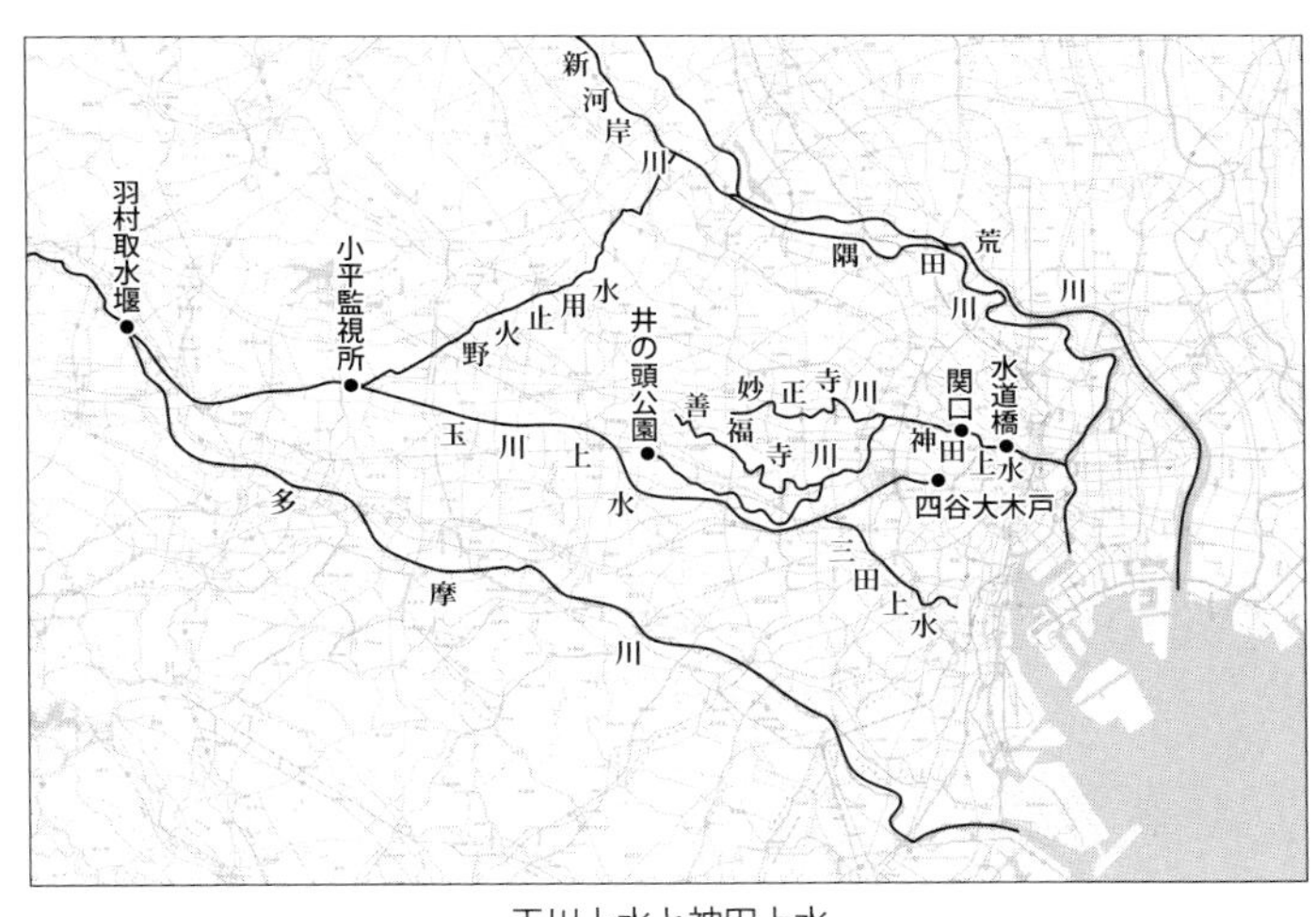

玉川上水と神田上水

玉川庄右衛門・清右衛門の玉川兄弟によって作られた。、起点となる取水口は、奥多摩の入口にあたる羽村に設けられた。ここで多摩川に堰（せき）が建造され水が取り込まれている。

玉川上水より以前、江戸市中の低地へ水をもたらすために、神田上水が作られている。神田上水の起源は諸説あるが、徳川家康は江戸に入る前から、大久保主水（もんと）に命じて江戸の水道水源の「見立て」を命じている。それにより当初は小石川などから水を引く上水道が作られたと考えられている。井戸では真水を得られない地に大城下町を建設するために、用意周到に手を打っていたわけである。神田上水の建設は、その後の江戸時代初期頃とされる。

神田上水は、神田川の関口の地（現在の文京区関口2丁目、標高は約8メートル）に関口大洗堰と呼ぶ小さなダム（堰）を設け、堰で水位の上がった水の一部を水路へと導いた。石樋や木樋で作られたその水路は、関口から水戸藩徳川家上屋敷（現在の小石川後楽園と東京ドーム）の中を通ってJR水道橋駅付近の御茶ノ水寄り地点で、神田川を橋で越えた。木製の樋で作られた橋で、「水道橋」として有名な場所となった。JR水道橋駅などの名に使われている「水道橋」の地名の語源である。この先から幾筋にも枝分かれさせて江戸の町の北側半分へと水を供給した。枝分かれさせる前、神田川を水道橋で渡った地点が、神田上水における給水塔にあたる。

神田上水の場合の給水塔の地は標高約6～7メートル。これでは木造2階建ての屋根に乗っている程度の高さである。枝分かれさせ市中に水を送る力は、自然流下しかない。2階の屋根の給水塔では、水量を多くしてもなかなか市中に水は行き渡りにくかった。江戸城本丸より給水塔の位置が低いので、そこへも水が届かない。

先に玉川上水の終点四谷大木戸を8階建てマンション屋上の給水塔にたとえたが、四谷大木戸の地は神田上水のそれに比べて標高が30メートル近くも高い。江戸城至近の場所でこれだけの高さがあれば、市中に勢いよく水を送ることができるし、江戸城内にも給水できる。

神田川を水道橋で越えていた地にある神田上水懸樋跡の碑。水道橋駅東方にある

歴史の本では、神田上水と玉川上水が江戸市民の飲み水だったと並んで書かれていることが多いが、玉川上水の方がいかに画期的なものだったかが分かるだろう。私はこれを知った時、神田上水は鉄道の在来線、玉川上水はそれまでのものより圧倒的に性能がいいという意味で新幹線、といった印象を持ったものだ。

玉川上水終点の四谷大木戸から先は、地下に木や石の樋を埋め、そこに水を導いた。樋は市中様々に枝分かれさせて敷設されている。これは神田上水からの市中の樋と同じである。四谷大木戸から先、網の目のように敷かれた樋の総延長は85キロにも及んでいた。

玉川上水② 江戸時代の水路を歩くのが「丘の上の川歩き」となる理由

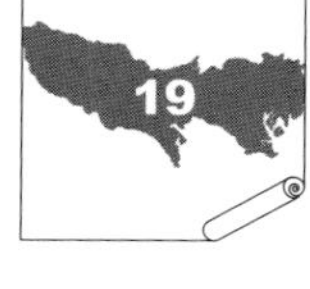

場所の把握のしかたは人により様々だ。鉄道路線図が頭の中にあり、それで把握している人がいる。また首都高速や道路で把握している人もいる。渋谷区の猿楽町といった場合、「ああ東急東横線の代官山駅のあたりね」という人と、「旧山手通りと駒沢通りの鎗ケ崎交差点付近ね」という人の違いである。

ある時、国土交通省河川局ＯＢの方と話をしていて、その人は東京を川の流域で把握しているのに驚かされた。都内を目黒区とか世田谷区とか行政上の範囲でとらえるのではなく、渋谷川流域とか目黒川流域とか、頭の中には川の流域地図ができあがっているのだ。猿楽町の場合、「目黒川と渋谷川が最も近づく分水界のあたり」ということになる。これらの河川は国土交通省ではなく都の管理の二級水系だが、全国の河川管理の仕事をしているうちに、都内もそのように把握するようになったという。

都内のすべての土地に「住所」があるように、流域と分水界とがある。ところでこの流域という地理用語が分かりにくいと感じるのは、私だけだろうか。小学生の時社会科の時間で、「日本で一番長い川は信濃川、一番流域面積が広いのは利根川」と教わった。これを聞いた時、流域面積という意味がイメージできず頭の中が混乱したことを思い出す。流域＝流れる地域だから、堤防と堤防に挟まれた水が流れる部分の面積のこと？　氾濫したら水びたしになる土地の範囲のこと？　などと想像したものの、それでは範囲が不確定な感じがしてピンとこなかった。

流域とは、雨が降ったらその河川に雨水が流れ込む土地の範囲のことである。大人になってからそれを知った時、「（その川への）流入域」といってくれていれば、小学生でも一発で分かったのにと思った。地理用語では「集水域」という場合もあるそうで、これも分かりやすい。なぜ集水域の方が一般的にならないのか不思議だ。

また分水界とは、降った雨はどっちの川の流域に流れるかの境界線のことで、尾根や峠などはっきり分かる場所と、わずかな高低差しかなく分かりにくい場所とがある。

前おきが長くなったが玉川上水関連の話に戻すと、江戸時代、飲み水、生活用水のために作った人工水路を「上水」、農業などの灌漑用を「用水」といった。上水も用水も見た目では自然の小川とよく似ている区間も多い。両岸に土手があってその間を水が流れていたりする。

だが自然の川と上水・用水とは、正反対といっていいほど異なる点がある。それは、自

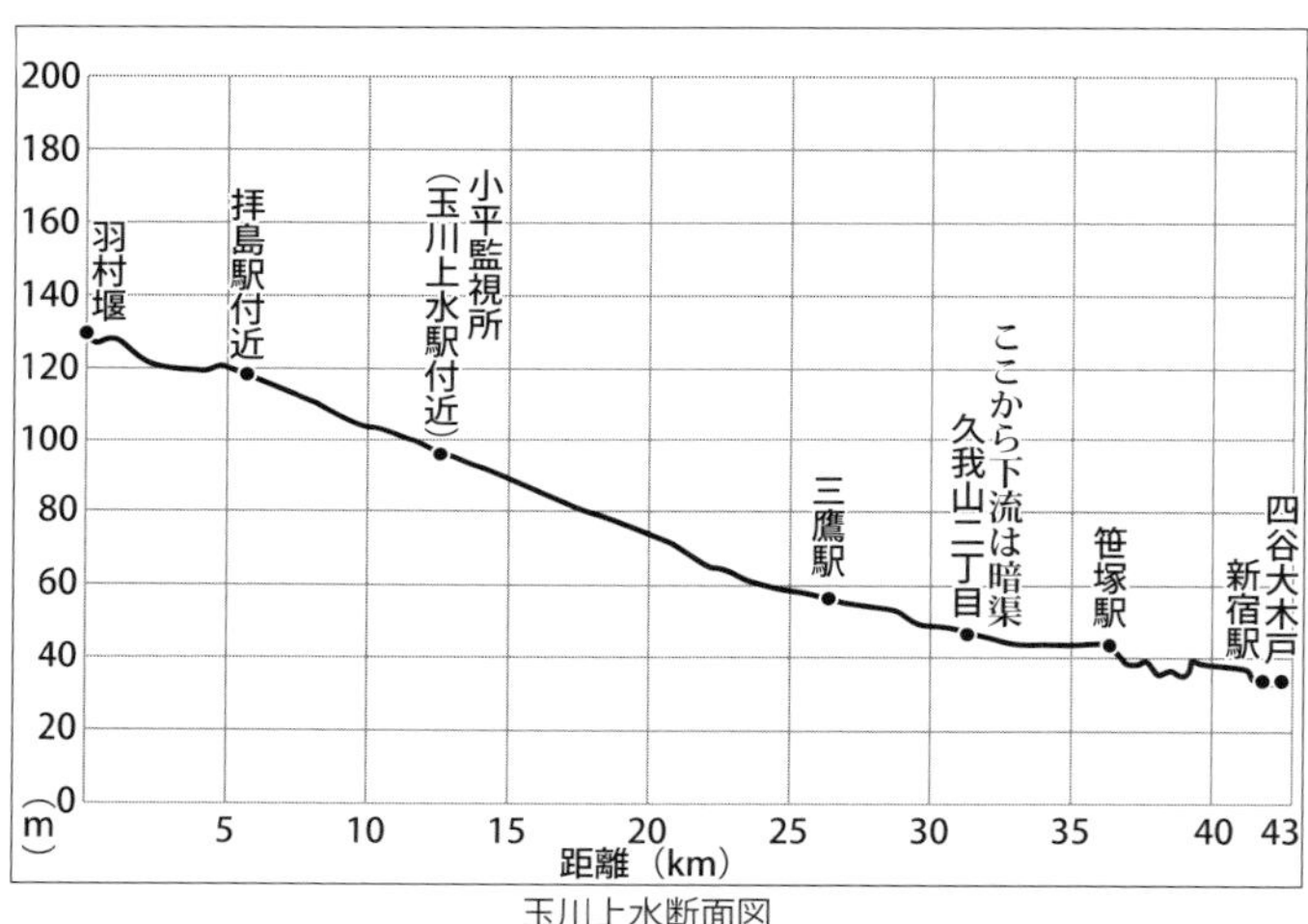

玉川上水断面図

然の川が谷を流れるのに対し、上水・用水は多くの場合尾根筋を流れる。周囲より高い所を流れるようにと建設されているのである。筆者は玉川上水など江戸時代の上水・用水沿いに歩くことを「丘の上の川歩き」などと勝手に呼んでいる。

水はいったん低い所に流れていったら（物理的に位置エネルギーを失ったら）、それより高い所へは向かえない（例外は177ページ参照）。だからなるべく高い標高を維持して水路を通していく。上水・用水を建設できるか否かは、そのような尾根筋が地形として存在するかどうか、存在するならば測量してそれを発見できるか否かにかかっていた。

玉川上水は、多くの区間でこの尾根筋の

分水界を通る形で作られている。新宿付近を例にとれば、神田川の流域と渋谷川の流域の境界線である。神田川と渋谷川の分水界は正確な測量をしないと分かりにくいと思うが、玉川上水はそのラインをみごとにトレースする形で伸びている。

玉川上水の多摩川からの取水地点の羽村取水堰は標高約126メートルある。終点の四谷大木戸より90メートル以上高い。ずいぶんと標高差があるようにも思えるが、距離が43キロもあることを考えると、1キロあたりの標高差はわずか2・1メートルである。この程度の傾斜だと、一般の道路の場合、坂道とはまず気づかない。江戸時代の測量技術は、それを測定できるレベルに達していた。

四谷大木戸の場所は新宿御苑の東北角付近、現在は新宿通り沿いに玉川上水の石碑が立っている。ここから、玉川上水の流れを遡る形で追ってみたい。四谷大木戸は、江戸時代甲州街道から江戸へ入る人や荷物を取り締まる場所で、大木戸が建てられていた。前述の皇居半蔵門から新宿方面へと伸びる尾根筋にある。この尾根筋は江戸城への敵の攻撃を想定した防衛線であると共に、江戸城や江戸市中へと飲み水を供給する水道敷設の地でもあったわけである。

玉川上水はその先、新宿駅南口を経て甲州街道に沿って西に伸びる。京王線桜上水駅付近からは北西に向きを変えて、JR中央線の三鷹駅のホーム下を斜めに横切り、JR武蔵

小平監視所下流部の玉川上水。現在は膝下くらいの深さの水が流れている

野線の小平トンネル（西国分寺―小平間）上を横切って、西武拝島線玉川上水駅前、現在玉川上水小平監視所（小平市と立川市境界）がある地点を経て、さらに西へ続く。

四谷大木戸から玉川上水小平監視所までの区間（約30キロ）は、全区間の中でもとくに尾根筋に忠実に作られている。四谷大木戸付近から三鷹駅までは、目黒川・渋谷川水系と神田川水系との分水界、三鷹駅から玉川上水駅までは、多摩川水系と荒川・隅田川水系との分水界となる。

たとえば三鷹駅のホームに降り立って、周囲を見渡してみよう。南東から帯状の緑地帯が線路へとやってきている。これが玉川上水であり分水界である。ということは、三鷹駅より新宿寄りの線路に降った雨は神田川から隅田川へと流れ、立川寄りに降った雨は、多摩川へと流れる。そんな傾斜は三鷹駅付近を歩いても絶対といっていいほど認識できないが、江戸時代にはそうした点を測量して判明させていた。

山間部に取水地点を取り、平地に水を導く人工水路を作ろうとしても、通常は途中アップダウンがあったり、大小の谷が行く手をはばんだり、尾根筋があらぬ方向へ向かっていたりして、思うように水路を作ることができない。大きな谷があれば古代ローマ帝国時代の水道橋、例を挙げればセゴビア（スペイン）の石積み水道橋（長さ728メートル、高さ29メートル）のような壮大な水道橋が必要となってしまう。江戸の地形はそうしたものの建設を必要としなかった。それが奇跡のようだし、それを発見できた江戸時代の測量技術はすごいと思う。

現在玉川上水は、杉並区久我山2丁目から下流は暗渠（あんきょ）となっている。一部京王線笹塚駅付近数百メートルだけ暗渠が途切れ当時の姿を復活させているが、それ以外は緑道や道路、完全に埋められて不明な場所などになっているのは残念だ。

久我山2丁目より上流は、昔に近い形で羽村まで続いている。久我山2丁目からだと羽村堰まで約31・5キロ。両岸は多くの区間が緑に包まれているので、一度は全区間を歩いてみることをおすすめしたい。

4 玉川上水の完成で新田開発が進んだのに武蔵野に田んぼがないのはなぜ？

江戸時代前期、玉川上水が完成すると、その沿線の村落からは、水を分けて欲しいという陳情が相次いだ。幕府は要望を受け入れ、玉川上水から枝分かれさせる支流の水路が作られていく。玉川上水ができあがってから約１４０年後の１７９０年の段階では、33の支流があったとされる。支流は、「分水（ぶんすい）」と呼ばれた。分水は１キロ程度と短いものもあるが、野火止（のびどめ）用水のように、玉川上水小平監視所地点で分かれてから埼玉県志木市内まで、延長25キロにわたるものもある。

再び筆者の小学生の時の記憶で恐縮だが、「東京（郷土）の歴史」という授業で、「玉川上水のおかげで、江戸時代には武蔵野の新田開発が進みました」と習った。また先生は地図帳のページを開いて「小平市などに今でも多い数十メートルおきに小道が短冊状に並んでいるのは、新田開発によるものです」とも教えてくれた。

その数日後「武蔵野台地一帯には、水田に適した土地がなく、ほとんど田んぼが作れませんでした」とも教わった。「田無（たなし）市という名前があるのがいい例です」という。小学生の私は、田無の話は納得したが、「新田開発が進んだのに田が無い」とはおかしいなと思った。恥ずかしがり屋だったせいか、手を挙げて先生に質問することはできなかった。この疑問の答えは以下のとおりだということを知ったのは、これも大人になってからである。

玉川上水からの分水のおかげで、それまで水を得にくかった土地でも、生活用水を得られるようになった。そのため林ばかりだった武蔵野台地に人が住み始め、畑の開発を行った。それが「新田」である。新田の田とは水田のことではなかった。田んぼもまったくなかったわけではないが、多くの場合、分水の水は田んぼにではなく、飲料水や洗濯など日常使用する水に使われたのである。たしかに辞書をひけば「新田」の意味として、「江戸時代、荒地や沼沢などを開発して新しく作った田地、畑地、屋敷地などの称（「スーパー大辞林」）とある。畑地や屋敷地も「新田」なのである。

田無市は平成13年に保谷市との合併で西東京市になった。田無の語源も「田が無いため」のほか「種なし」が変化して「たなし」となったなど諸説ある。種なしとは、この地方の租税の取り立てが厳しく、種籾（たねもみ）に至るまで取られてしまい翌年田畑にまく種がないことによるという。

その後武蔵野の新田は多くが宅地化され、「田」はなくなっていった。地名の一例を挙げれば、昭和41年の町名整理で「平兵衛新田」が「光町」（国分寺市）へと改名された。

玉川上水の分水の一つ・三田用水跡の道（写真中央の道）。西郷山公園付近

同地にあった鉄道技術研究所が東海道新幹線を開発したことを記念して、その列車の愛称「ひかり」からとったものなので、これはこれで由緒ある地名と思うが、〇〇新田の地名はほかの地区でも消えていったものがある。

分水が数多く作れた理由も地形が関係している。繰り返しとなるが、武蔵野台地は全体としては西に高く東に低い。玉川上水の尾根が東西に背骨のようにして伸び、背骨の尾根からは、枝分かれしている尾根がある。枝にあたる尾根部分も西から東へうまい具合に低くなり、途中にたいした凹部もなく、都心方面へと尾根筋が続く。これも奇跡のような地形である。こうした枝部分の尾根筋に長距離の分水を建設している。

三田上水が「丘の上の川」と実感できる西郷山公園の頂上

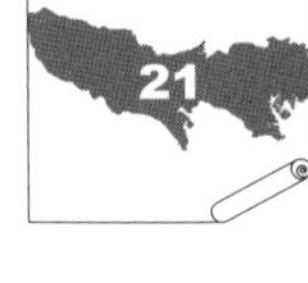

玉川上水の分水の中で、飲み水用として作られたのが、三田上水、千川上水、青山上水である。その一つ三田上水の地を訪ねてみよう。

東急田園都市線池尻大橋駅で下車して駅前を流れる目黒川を下流に5分ほど歩くと、左手に菅刈公園と西郷山公園の緑が迫ってくる。両公園とも西郷隆盛の弟、元帥海軍大将となった西郷従道の邸宅跡を区立公園にしたもので、高台とその斜面に立地している。

目黒川沿いから菅刈公園に入りつづら折りの坂道を上っていくと、西郷山公園の頂上に着く。標高差にして約20メートルあり頂上から富士山などの眺めがいい。そのせいもあって、ずいぶんと高く上った気がする。この西郷山公園頂上の脇を三田上水が流れていた。ここではその跡が道路となって続いている。三田上水が「丘の上の川」であることを、最も実感できる場所だと思う。三田上水だった道路は右側も左側も下り坂となり、ごく狭い尾根筋を通っていることも見てとれる。

江戸時代、目黒川の低地からこの丘へと上ってきて、そこに川（三田上水）が流れてい

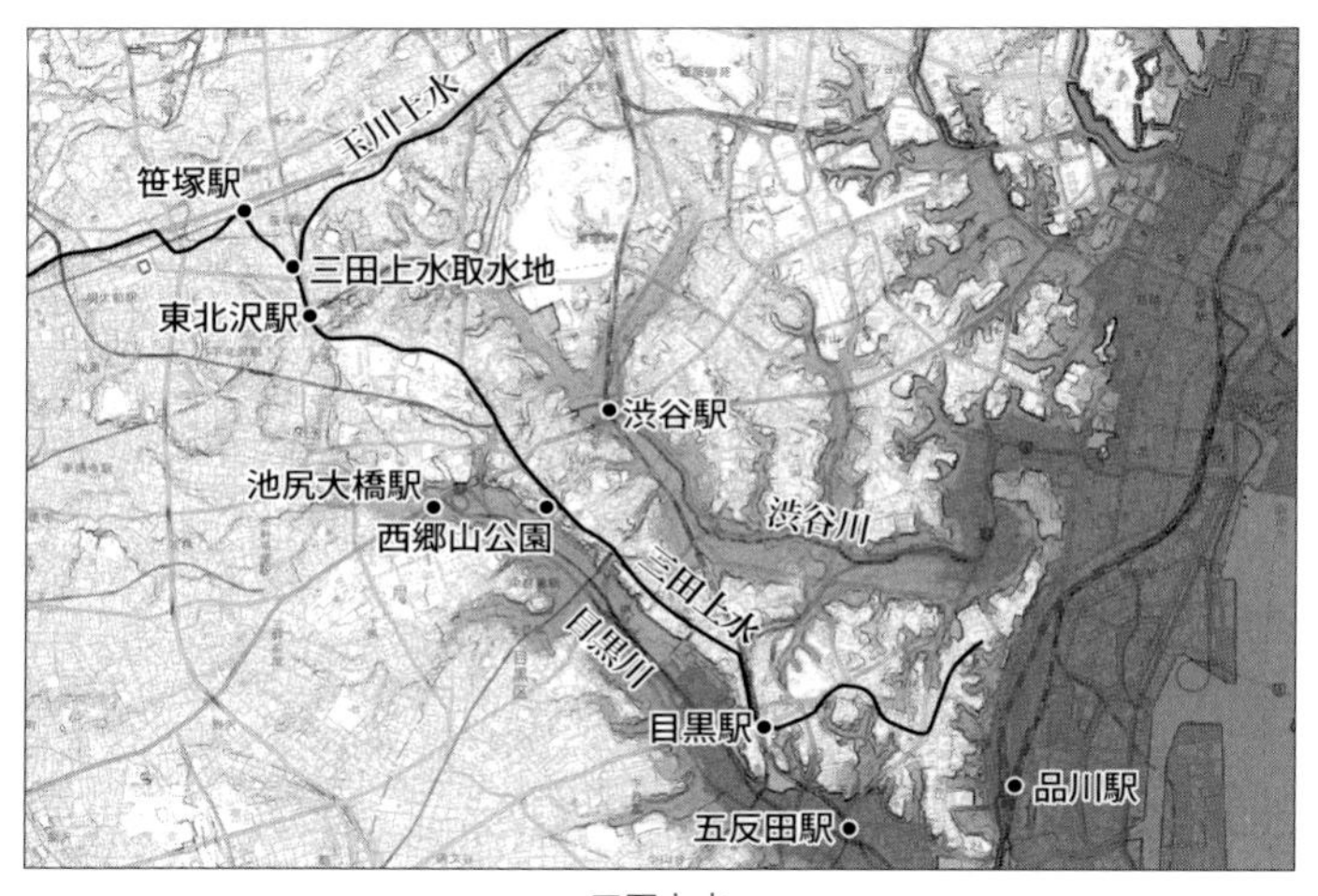

三田上水

るのを目にした人は、どんなにかびっくりしたことだろう。こんな所に水を引いてくる大事業をなした徳川様は、たいしたものだと畏れ入ったのではないだろうか。そんなことが感じられる地点である。

三田上水は、玉川上水の完成から11年後の1664年に建設が決定。現在の京王線笹塚駅付近で玉川上水から取水し、目黒川の谷を見下ろすようにして進み、目黒駅付近で山手線の内側に入り、白金台地から高輪台地へと流れる。この両台地の接点では土手を築いて石樋で渡した場所もあるが、基本的には緩やかな下り勾配になるように尾根筋をたどっている。

明治以降は工業用水として使われた後、昭和40年代に通水が停止された。

第3章 東京の「谷」めぐりの謎

4

渋谷川① 新宿御苑や明治神宮が源流 渋谷駅前を流れていた川の復活へ

渋谷駅に直結した47階建ての超高層ビルとして話題を集めている渋谷スクランブルスクエア。そのすぐ南側で、渋谷川という名の川が突然出現する。その上流は暗渠になっているためだが、渋谷駅付近の再開発の一環として、川に沿った旧東急東横線跡地に渋谷リバーストリートという遊歩道も作られた。

そもそも渋谷川とは、どんな川なのかを把握しておこう。渋谷というビッグネームが冠されていながら、ほとんど知られていない川だと思う。それは現在渋谷川という名称で地上を流れる区間が短いことにもよるだろう。上流部はすべて50年以上も前に暗渠となり姿が消え、川沿いに住んでいた人の世代も代わりほぼ忘れ去られた。下流部ではすぐに古川と名前を変えてしまう。

渋谷川の源流は新宿御苑の中にいくつかある池である。そこから新国立競技場の西側を南下して原宿の表参道を横切り、渋谷駅東口駅前へと流れていた。途中明治神宮の南池からの流れなど支流をいくつか合流させる。また渋谷駅前では、渋谷川の大きな支流である

渋谷川支流、宇田川跡に架かる山手線の橋。歴史を感じさせるアーチ橋だ

宇田川が合流してくる。ここまでの本流と支流とは、現在新宿御苑内と明治神宮内を除いてすべて暗渠となっている。

渋谷川は、渋谷駅から先で地上に顔を出し渋谷区内を2キロほど流れた後、天現寺橋で港区に入るとそこから先は名が変わり古川となる。渋谷区は昭和7年までは豊多摩郡渋谷町などで東京市外、港区は明治22年の東京市誕生以来の東京市内である。旧市外では渋谷川、旧市内では古川という名称であり、流域の旧麻布区、旧芝区（いずれも現港区）の人たちは、江戸時代以来の古川という呼び方になじんでいた。それが現在まで受け継がれた形である。古川は麻布十番や芝増上寺付近を経て浜松町駅近くで東京湾へと注ぐ。

左ページの地図を見れば分かるように、渋谷川本流と支流の宇田川は、代々木公園をお互い二つの川ではさむようにして流れている。代々木公園は前回昭和39年の東京オリンピックで選手村が置かれた場所である。国立競技場や体育館も、渋谷川沿いに位置している。

昭和30年代後半、渋谷川とその支流は、公共下水が未整備なこともあり、多くの区間で異臭を放つどぶ川となり果てていた。都や国では、オリンピック期間中に数多くやって来る外国からのお客さんに、そんな姿は見せたくないと考えた。川を浄化するのは多大な労力と時間がかかる。川に蓋をして見えなくしてしまうに限るということで、これらのどぶ川はオリンピックの直前に一気に暗渠化が進んだ。

江戸時代、渋谷川の本流や支流の源流部では、その谷奥の丘の上をつなぐようにして、玉川上水が流れていた。玉川上水は尾根筋に作られているためである。左ページの地図を見ると、そうした様子が分かると思う。玉川上水終点の四谷大木戸は、渋谷川本流の源流すぐ近くにあたる。四谷大木戸では、江戸市中に流しきれなかった余った水を、余水吐(よすいばき)という水路を作って渋谷川に流したりもしていた。

玉川上水も現在この付近では暗渠となり、水が流れていない。玉川上水も一部を復活させ、そこから渋谷川へ水を送ったり、少し下流の原宿付近の渋谷川の流れを復活させたり、渋谷川再生へ本格的取り組みが始まることを期待したい。

新宿駅
四谷大木戸
新宿御苑
玉川上水
余水吐
玉川上水
渋谷川本流
新国立競技場
明治神宮
清正井
河骨川
渋谷区
代々木公園
歌碑
「春の小川」
代々木八幡駅
南池
原宿駅
村越の水車
キャットストリート
表参道
宇田川
鍋島松濤公園
三田上水
東京大学
一二郎池
ここより上流の
渋谷川は暗渠
渋谷駅
渋谷川本流
旧西郷邸
三田上水
目黒川

渋谷川水系とその周辺

4

渋谷川② 都市遺跡発見の楽しみも味わえる廃川跡

渋谷川本流と支流の主だった所を歩いてみよう。原宿の表参道は、たとえば原宿駅から歩き始めた場合、最初は緩い坂道を下り、途中から緩い坂道を上ることとなる。そのため緑豊かな表参道は見通しがよく、独特の風情を感じる。川は低い所を流れるので、この一番低い部分で旧渋谷川は表参道を横切っている。現在はその川の跡がキャットストリートと呼ばれる道となっている。

表参道と直交するキャットストリートを北側でも南側でも、気が向いた方へ数百メートル歩いてみたい。ストリートは適度に蛇行し、道の両側には若者向けカジュアルファッションの店が多く並ぶ。表通りより小規模な店がほとんどで、裏原宿的な魅力が漂う。

表参道と交差する北側300メートルほどの地点には、大正時代の地図を見ると水車があった。かつては水車に水を引く分流が設けられていて、現在も本流と分流の道が100メートルほど並行している。かつて渋谷川に架かっていた橋の親柱が保存されているのも見かけ、都市の歴史探検的な面白さを味わえる。流行ファッション、修学旅行の高校生の

渋谷川跡のキャットストリートと穏田橋跡の碑（渋谷区神宮前６丁目）

生態などにも目を向けながら歩いていると、目移りして飽きることがない。

　次は支流の宇田川方面へ向かってみる。小田急線代々木八幡駅で下車すると、北側が代々木八幡宮の丘、東側が代々木公園の丘となっている。そうした丘と丘の谷へ四つの方向から渋谷川の支流が集まり、代々木八幡駅付近で合流していた。

　代々木公園の丘の下を小田急線に沿って遡ると、２００メートルほどで小さな公園が現れる。ここに「春の小川」歌碑が立っている。小学唱歌として有名な『春の小川』は、近くに住んでいた国文学者の高野辰之が、田んぼの広がるこのあたりの風景を愛(め)でて作詞した。この渋谷川支流部は、河骨(こうほね)川と呼ばれ、発表した大正元年頃は、歌詞にあるとおり岸にはレンゲやスミレが咲いて、そこを小川がさらさらと流れていたという。現在は丘の下の小田急線の線路脇の路地が河骨川の暗渠である。この場所からは今やかつての風景をまったく想像できない。

こうして歩いていると、明治時代以降、都心近くの中小の川がたどってきた歴史を考えさせられる。それは五つの時代に分けられると思う。

①自然のままに近かった川の時代……渋谷川の上流など、大正12年の関東大震災で下町から多くの人が転居してくる前までは、田んぼと林が広がっていた。

②急激な都市化により、どぶ川となった時代……流域の人口が増え、生活排水や工場排水が多量に流れこんだ。昭和の戦前くらいから、渋谷川は強い異臭のするどぶ川となった。

③川に蓋をしていった時代……昭和34年に、5年後の東京オリンピック開催が決まるのと前後して、首都高速道路の建設など町の大改造が始まる。どぶ川には蓋をして暗渠とした。

④下水道が整備され、かつての川の下には水が流れなくなった時代……川と別の所に大きな下水管を敷設して、雨水も含めてすべての水がそちらに流されるようになった。かつての川跡には水が流れず完全な「廃川（はいせん）」となった。

⑤昔の水辺のせせらぎを復活させようとする気運が生まれる時代……新国立競技場付近の渋谷川再現がその代表例だが、そうした所はまだ非常に限定的である。

24

渋谷川③「春の小川」の光景を残す清正井からの流れ

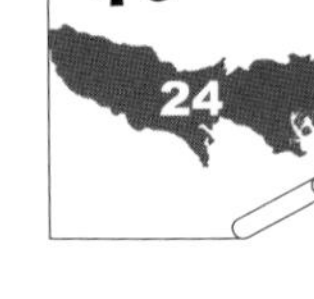

昔のように「春の小川」の世界そのままの場所が、渋谷川支流で一カ所ある。明治神宮内の南池から源流へと伸びる小さな谷である。有料エリアの御苑内に位置している。

南池から谷奥へと遡っていくと、小川の両岸がだんだんと狭くなる。岸の両側には菖蒲が植えられていてその脇を進む。周囲は木々が生い茂り、こんもりとした森のようにも見え、都心の別天地とはまさにこのことだと感じる。せせらぎの音を聞きながらさらに行くと、そのどん詰まりの地に清正井（きよまさのいど）（清正の井戸）が現れる。

この清正井の谷筋は、明治神宮の中にあるため宅地化を免れた。この谷と同じような地形は、渋谷川支流の谷筋でいくつも見られる。だが地形は同じでも都市化が進んでいるので、光景はまったく異なる。自然のままのような清正井の谷筋を目に焼きつけておくと、宅地化されたほかの谷を散歩していても、地形はよく似ているので緑豊かだった江戸時代のその場所の光景を想像できる。

清正井は、湧水量はさほど多くないが、井戸から溢れるようにして水が湧きだしている。

明治神宮の神宮御苑内、清正井へと続く谷。渋谷川の支流の一つ

数年前パワースポットとしてテレビで紹介されてから大人気となった。清正井からの水は、南池を経て明治神宮の外へと出ていく。そこから先は地下の下水へと流れてしまうのは、なんとも残念だ。

ＪＲ山手線原宿駅竹下口の改札口を出ると、目の前に竹下通りが伸びている。十代の女性を中心にいつもごったがえしている道だ。その竹下通りと並行して南側に「ブラームスの小径」、「フォンテーヌ通り」という路地がある。ここにも洒落た店が並んでいる。かつて清正井を源流とする渋谷川支流は、この路地部分を流れていた。このあたりが殷賑（いんしん）を極めているのは、清正井からのパワーをもった水が流れていた名残のような気がしてくる。

4

唯一の正反対、北西を向いた菊坂から発生した江戸時代の惨事とは

ほかの谷とはまったく異なる方を向いた谷が文京区の東京大学本郷キャンパス近くにあり、地形好きの筆者としては気になっていた。本郷の菊坂の谷である。武蔵野台地に数ある大小の谷の中で、この谷だけが北西に向けて低くなっている（38ページ地図参照）。

武蔵野台地は概して東に向けて低くなっているので、その中に数多く刻まれた谷も東に向けて低いのが一般的だ。東南向き、北東向きも多く、そのほかはせいぜい北向きや南向き程度である。菊坂の谷だけが比較的長い谷としては唯一、天邪鬼のように北西を向いているのだ。

自然地理学としてなぜこの谷が形成されたのかは、筆者には分からない。ただし非科学的なものも含めてこうした場所では、土地の霊みたいなものがほかと異なり、何か不思議な事件が起きていないかと調べてみたら、あった。それは一概に非科学的といいきれない点もある出来事だった。

「火事と喧嘩（けんか）は江戸の華（はな）」といわれるほど、木造家屋が密集する江戸では頻繁に火事が発

生した。中でも最大のものが明暦3（1657）年の明暦の大火である。江戸の町の60パーセントが焼失し、江戸城本丸、天守も焼けた。死者は10万人以上に達している。火元は3カ所とされるが、第1出火地点が本郷丸山本妙寺である。菊坂の谷を降りていく途中にある（『改撰江戸志』）。

火事は丘下へ向けてより丘上へ向けての方が延焼しやすい。そして重要なのが風の強さと向きである。当日は北西の強風が吹いていた。北西を向いた谷の菊坂では火災が勢いよく谷筋を上っていったと思われる。風下にあたる本郷の南東には江戸の下町が広がっている。約半日で人口の多い下町一帯が焼きつくされてしまった。

大火の原因が地形にあったと言い切るつもりはない。だが江戸三大大火のもう一つ、明和の大火（1772年）でも同じ現象が起きている。現在の目黒駅の南、台地上から目黒川の低地へと下りる行人坂（ぎょうにんざか）の下に位置する大円寺が火元である。行人坂は南西に向かって低くなっている。出火当時、折悪しく今度は南西の強風が吹いていた。火災は行人坂の谷を上り風下の北東に向かっていった。北東には江戸の町がある。

こうした例を見ると、地形と火災の広がりの関係が、まったく無関係とは思えない気がしてくる。証左はないが、地形を見ながらいろいろと歴史的事件を推理できることの一例として挙げてみた。

28

中央線御茶ノ水駅付近の神田川の深い谷はどうしてできた？

ＪＲ御茶ノ水駅のホームは神田川の谷の中にある。下の方には神田川が流れ、対岸の斜面には木々が植えられている。日本各地にある川の浸食作用でできた本格的な谷といった光景である。これだけの規模の谷は、大雨の時など相当の水量が激流となって流れなければできあがらないように思える。

だがホームで列車を待ちながら何気なく神田川に目をやると、流れることなく淀んでいることがある。それどころか上流の水道橋駅方面へゆっくりと逆流していることもよく見かける。その理由は、ここはいわゆる汽水域で、満潮時に海水が遡（さかのぼ）ってくるためである。川の水面は標高1メートル程度だろう。ということは、川が勢いよく轟轟（ごうごう）と流れるような所ではない。ここまで流れ下ってきた神田川には、もはや台地を浸食し谷を作る力はなく、谷があるのが不思議な場所なのである。

凸凹地図を見ると、この場所の地形の不自然さがさらに実感できる。御茶ノ水駅の西側（次ページの図では右側）の水道橋駅付近で、本郷台地へと神田川がぶつかってくる。そ

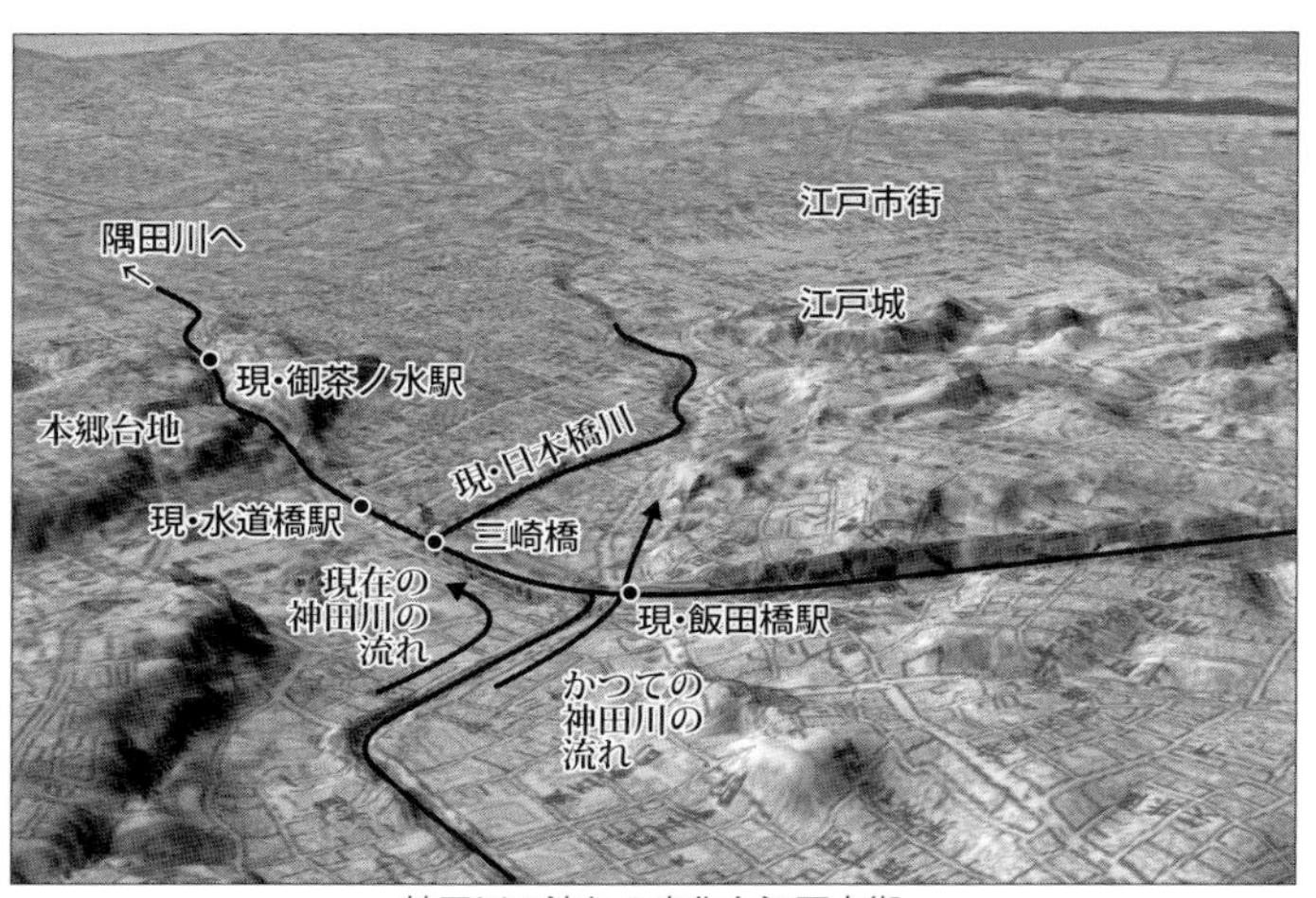

神田川の流れの変化と江戸市街

の地点の標高は約4メートルであり、ぶつかるといってもたいした勢いはない。本郷台地は標高17メートルある。自然の川なら台地に入り込み浸食して谷を作ろうなどとせず、蛇行してよける。この地点の場合なら南へ迂回して流れるはずである。

こうしたおかしな地形が生まれた理由は、この付近の神田川が徳川幕府により作られた人工水路のためだ。人工水路といっても、平地に用水を引くような簡単なものではなく、とても大掛かりなものである。

これだけの大事業を行った目的は、江戸の町を洪水から守るためだった。第2代将軍秀忠の時代の1620年頃、それまでの神田川下流の流れを、本郷台地を通り抜け隅田川に注ぐ現在のように付け替えた。幕府は仙台伊達藩に命じてここを掘らせた。そのためこの付近は仙台堀とも呼ばれている。

御茶ノ水駅のホームに立てば、江戸時代この谷を人力や馬力のみで掘り下げることがいかに大変だったか想像がつくだろう。神田川が本郷台地を貫いている部分の長さは約1キロある。丘の上から水面までの高低差は最大で約15メートル、水底までなら20メートル近くになるだろう（谷の幅は現在より狭かった）。それをあえて幕府直々ではなく伊達藩に申し付けとはいえ、完成させたのである。

神田川の下流部はそれ以前、ほぼ現在の日本橋川の地を流れていた。日本橋川は現在の水道橋駅の西側で神田川と分岐して大手町、日本橋方面へと流れる川である。

神田川は現在の三鷹市の井の頭公園などを源流とし、善福寺川や妙正寺川など、武蔵野台地の中でも比較的規模の大きな川を集めてくるので水量が多い。その最下流部にあたる現・日本橋川の一帯は頻繁に氾濫し、人が住みにくい場所となっていた。大量の水が氾濫したら町の機能はマヒしてしまう。

幕府はその神田川を飯田橋付近から現在の御茶ノ水駅を通るルートの真東へと変え、（新）神田川と従来の神田川（日本橋川）の分岐点（三崎橋西方）で従来の神田川を締めきった。現・日本橋川方面へ流れがやってこないようにしたのである。この川の治水が成功したため、江戸城下に多くの武士や町民が暮らせるようになった。

王子の台地を石神井川が突き破った？ それはいつどうして起きたのか

前述の御茶ノ水駅付近の神田川の谷は徳川幕府が作ったものとして歴史上明らかだが、地形として非常に気になる場所で、その成因が自然によるものか人工的なのか諸説分かれている場所がある。ＪＲ京浜東北線王子駅付近での石神井川の台地突破地点である。

石神井川は武蔵野台地の中の河川としては大きい方で、その谷筋も比較的広くはっきりとしている。上流部から中流部までは、武蔵野台地の北部を東へと続いている。王子駅付近でその谷筋（と見られるもの）は東南に向きを変えて進み、上野不忍池の場所で下町の低地へと出ている。谷筋を見る限りでは、上流から下流まできれいに続いている。この中を全区間石神井川が流れていればなんの不思議もない。だがそうではなかった。

この谷筋の下流部では、京浜東北線の線路との間に、上野から王子方面へと細長い台地が続いている。この台地が狭まる地点が二カ所ある。一カ所が第２章で述べた道灌山の場所、もう一カ所が王子駅付近である。王子駅付近の台地の幅は数十メートルしかない。

現在石神井川はここで谷筋と別れ、台地を突破して真東へ進み、隅田川へ注いでいる。

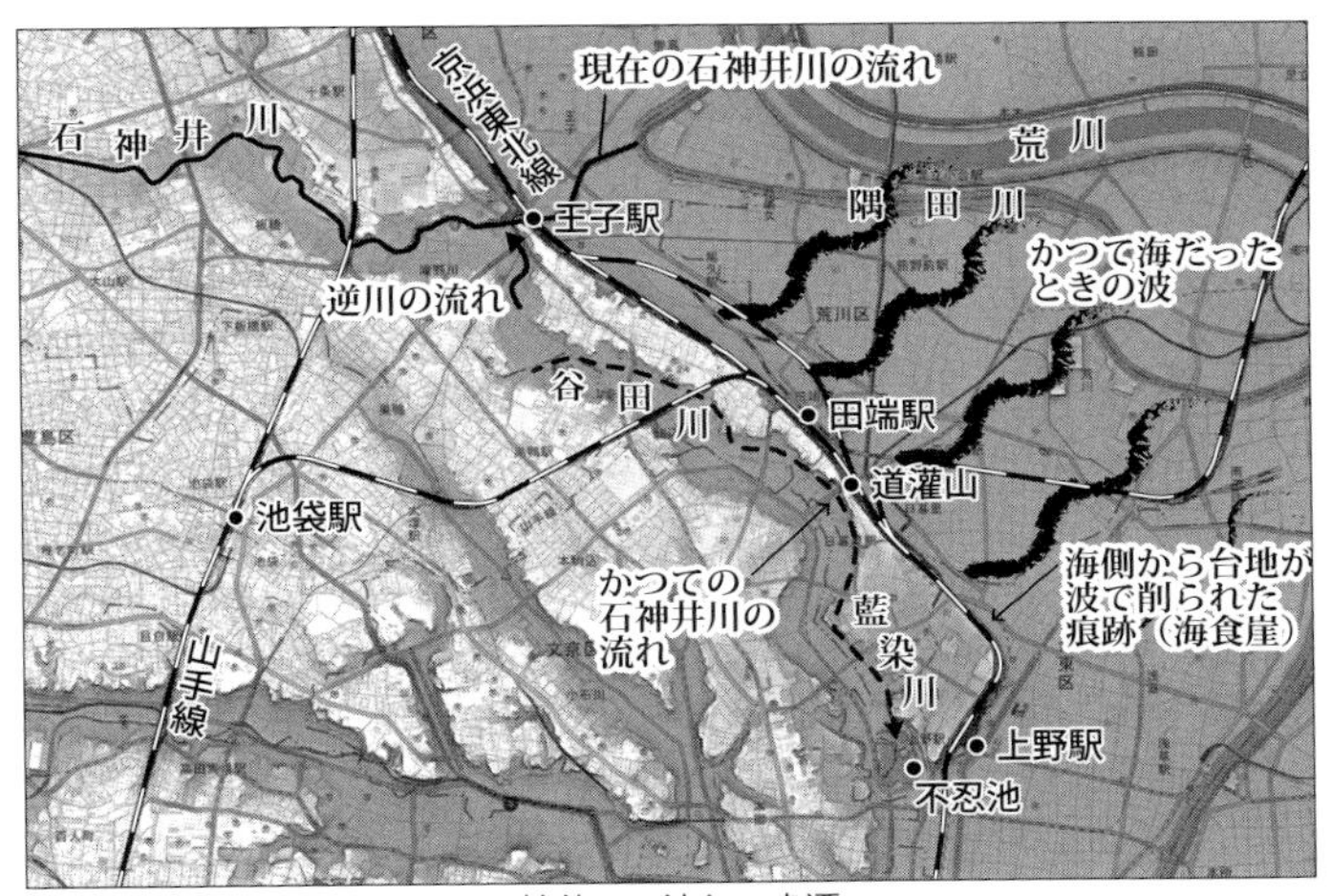

石神井川の流れの変遷

そのためここから下流の谷筋（上記地図で谷田川・藍染川の谷筋）には、谷の規模に見合った川がない。谷は川の浸食によって作られるのだから、これはどう考えても、昔はこの谷を流れていた石神井川が、いつの頃か、王子の台地を突き破って低地へ流れていくように変わってしまったこととなる。下流部分は川が流れていた名残として谷筋だけが残された。たとえば台東区谷中付近、藍染川の跡は現在よみせ通りになっている。ではこの流路の変更がどうやってなされたのだろうか。

人工的変更説は以下のとおりである。洪水時に（旧）石神井川下流の日本橋方面を鉄砲水が直撃しないように、江戸時代かそれ以前、王子付近で台地を突き崩し流れを替える工事をしたというものである。また北から攻めてくる軍勢から防御する堀割の目的で、王子から隅田川への水路を掘削して石神井川の流れを変えたという説もある。

自然説としては、いわゆる「縄文海進（じょうもんかいしん）」と関係する以下のものがある。縄文時代の一時期、下町低地は海だった。気候が暖かく北極海の氷が溶けて、海面が現在より３メートルほど上昇したためである。ちょうどこの付近で京浜東北線が走る低地部分が海岸線にあたった。すぐ西側には先ほど述べた上野から王子へと続く細長い台地の崖が続く。台地は東側から波でどんどん削られていき、細くなった。そのためこの台地は西側に比べ東側がとくに険しい崖、地理学用語でいう海食崖（かいしょくがい）となっている。標高も低く、豪雨が続いてひとたび荒川などが氾濫すると、崖下にあたる秋葉原から田端、王子、赤羽にかけての京浜東北線の線路付近は水没が想定されている。

王子付近では西側から石神井川が台地へとぶつかってきて浸食が進んだ。東からの波の浸食も受ける。とうとう大雨の時か何かで、石神井川が台地を突破して隅田川方面へと流れていったという説である。

大規模工事が少なく地形がさほどいじられていない明治時代の地図にもヒントがある。石神井川が台地を突破する前の下流部では、逆川という５００メートルほどの短い川が、王子付近で旧石神井川の谷を逆流する形で流れていたのが記されている。すなわち当時の

線路に沿って写真左の林が飛鳥山公園、林が途切れる部分が石神井川の突破地点

旧石神井川の谷筋は、王子の場所で東南に向きを変えた後、５００メートルほど坂道を上る形になり、その後数キロにわたって上野へと下っている。この地形の解釈として、もし人工的に王子の台地を切り開いたのならこうした地形はできあがらないだろう、というものである。

石神井川は、王子の東の低地に出た所でも蛇行している。人工的に作られたのならこのように蛇行はさせないと考えられる。これらのことから現在では、自然説が有力だという。

不思議な地形ができあがるのには、神田川のように人工的なものと石神井川のように自然によるもの、両方があるから地形の謎解きは面白い。

等々力渓谷①
九品仏川を「斬首」した谷沢川とは

30

世田谷区南部に位置する等々力（とどろき）渓谷は、23区内で唯一、まるで深山幽谷のようといった形容があてはまる場所だろう。東急大井町線等々力駅の南側に約800メートル続いている。谷の中のため自動車などの騒音は聞こえてこず、せせらぎの音だけの世界である。途中の不動の滝では、崖の地層の分かれ目から湧水が落ちてくる。渓谷を谷沢川が流れていて、川沿いに遊歩道が続いている。とくに雨にけむる時など、渓谷の霊気にふれるような気がする。

凸凹地図を見ると、一見前述の本郷台地を神田川が貫く地形に似ている。両者とも台地を切り裂くように川が流れている。だが等々力渓谷は人工的なものではない。王子での石神井川の台地突破のように人工説、自然説双方あるものでもない。等々力渓谷は谷沢川の自然の浸食によってできた。その様子について段階を追って見ていこう。

本郷台地の神田川との相違は標高差にある。本郷台地への入口と出口とで神田川は標高差がほとんどないのに対し、等々力渓谷は、入口の等々力駅付近で標高約28メートル、出

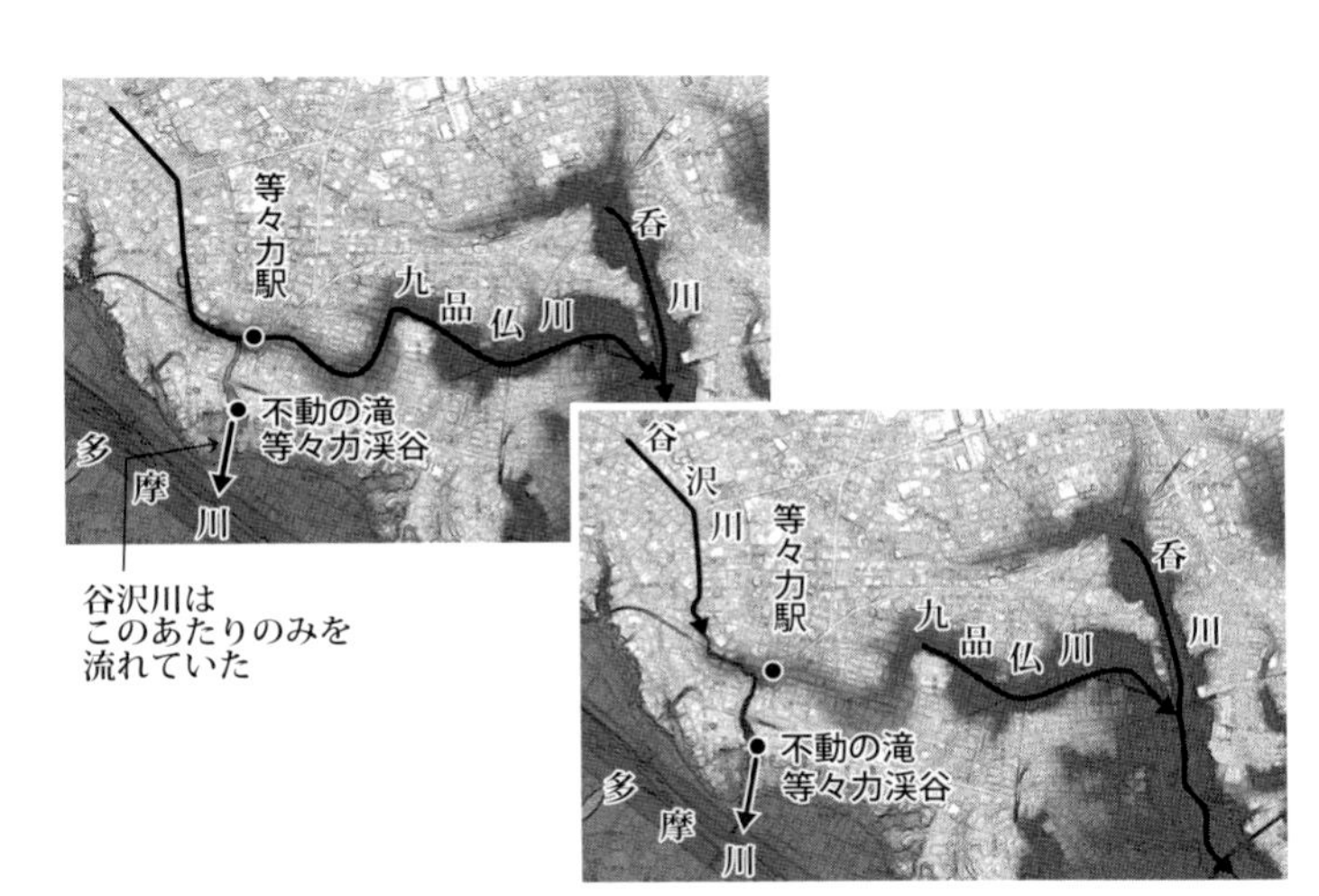

等々力渓谷の生成過程

口で約16メートルと、12メートルの標高差がある。これが、谷沢川が台地を浸食する力となった。

さらに等々力渓谷には上流部にもう一つの特徴がある。比較的大きな谷沢川の谷筋は、北西の用賀方面から等々力駅付近を経て東へ向かっているように見える。だが谷沢川自体は等々力駅付近でその谷筋に逆らうように南へ毅然として向きを変え、台地を分断するようにわけ入っていく。これは二つの点でとても不自然な地形である。一つは谷沢川が大きめの谷筋へ向かわず台地へ入っていく点。もう一つは、等々力駅付近から下流は目立つ川がないのに谷筋の規模が大きい点である。

何度か述べたように谷は川の浸食によっ

て作られるので、谷が大きいものならそこを流れる川もそれなりに大きいはずである。王子の石神井川の例から類推すれば、等々力駅付近から東へと続く下流側の谷筋は、何かの理由でかつて流れていた谷沢川が南へと向きを変え、等々力渓谷の方へ向かってしまったと考えられる。

これは地理学でいう「谷頭浸食（こくとうしんしょく）」による「河川争奪」が起きたためである。等々力渓谷を流れる谷沢川はもともとごく短い川であり、源流は現在の等々力渓谷の中にあった。現在もある不動滝など段丘層から湧き出る湧水を集めた川だった。谷沢川は等々力駅付近まで伸びていなかったのである。傾斜の急な地を流れていたため、浸食力が強く谷を掘り下げ、最上流部も削ることとなり、自分自身を上流側へと伸ばしていった。これを前述の谷頭浸食という。

そしてついに現在の等々力駅付近に達すると、そこには呑川（のみがわ）の支流にあたる九品仏（くほんぶつ）川という川が流れていた。これが先ほどから述べてきたやや大き目な谷の主だった。谷沢川は九品仏川の上流部を奪う形で、その流れを自分の方へ引き寄せてしまった。九品仏川上流からの流れが谷沢川へ流れるようになったのである。すると、九品仏川の下流部には水がほとんどなくなり、谷だけが残された。名著『東京の自然史』の貝塚爽平の表現によれば、谷沢川は九品仏川を「斬首」して上流を「争奪」したこととなる。この争奪した水により

深山幽谷の趣のある等々力渓谷。流れる水の量は人工的に維持されている

等々力渓谷の水量が増し、さらに渓谷の浸食も進んだ。

王子の石神井川の場合は、石神井川が自分で台地を突破して流路を変え、それまでの下流部をいわば自分から見捨てたと解釈できる。九品仏川の場合は、上流での立場に立って述べれば、流れる場所を途中から勝手に等々力渓谷へと変えられ、それまでの自分の下流部とは永遠の生き別れを余儀なくされた、というところだろうか。

ただし細い流れとなってしまった九品仏川下流は、明治時代後半の地図を見ると、現在の尾山台駅付近など水田の用水路として人々の役に立っている。斬首されても成仏したことだろう。

等々力渓谷②
等々力渓谷には利根川の水がやってくる!?

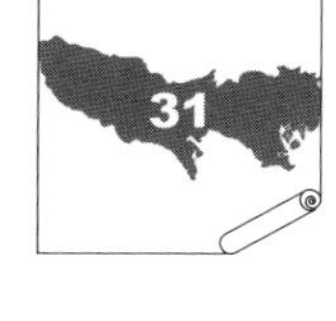

町を歩いていて見つけたちょっとしたことで考えていくうちに、これは面白いストーリーと謎解きの問題ができたぞ、と勝手に一人ほくそえんでしまったことがある。世田谷区の砧(きぬた)公園付近の仙川沿いを歩いていた時、次のような看板に出会った。

「ここで仙川の水を取水して地下水路から谷沢川へと流しています」

近年は渋谷川や玉川上水など、別の川や下水処理施設から、地下水路で水が送られている川がいくつもあるので、最初はここもかと思った程度だった。だがそれが河川争奪の地である谷沢川や、後に述べる理由で仙川が絡んでくると、話が面白くなってくる。

看板にあるとおり、谷沢川には、等々力渓谷の景観維持のために、西に並行する仙川の水が流されている。仙川の水の一部は、世田谷区岡本三丁目で取水されて地下の導水管を流れ、用賀駅付近で谷沢川へと吐き出される。そこから水は等々力渓谷へと流れてくる。

これを貝塚爽平先生に倣って、谷沢川を擬人化して考えてみよう。谷沢川は、かつて九品仏川の上流を斬首し水を強引に奪い取った急流の強者だった。だが現在はその領地が衰

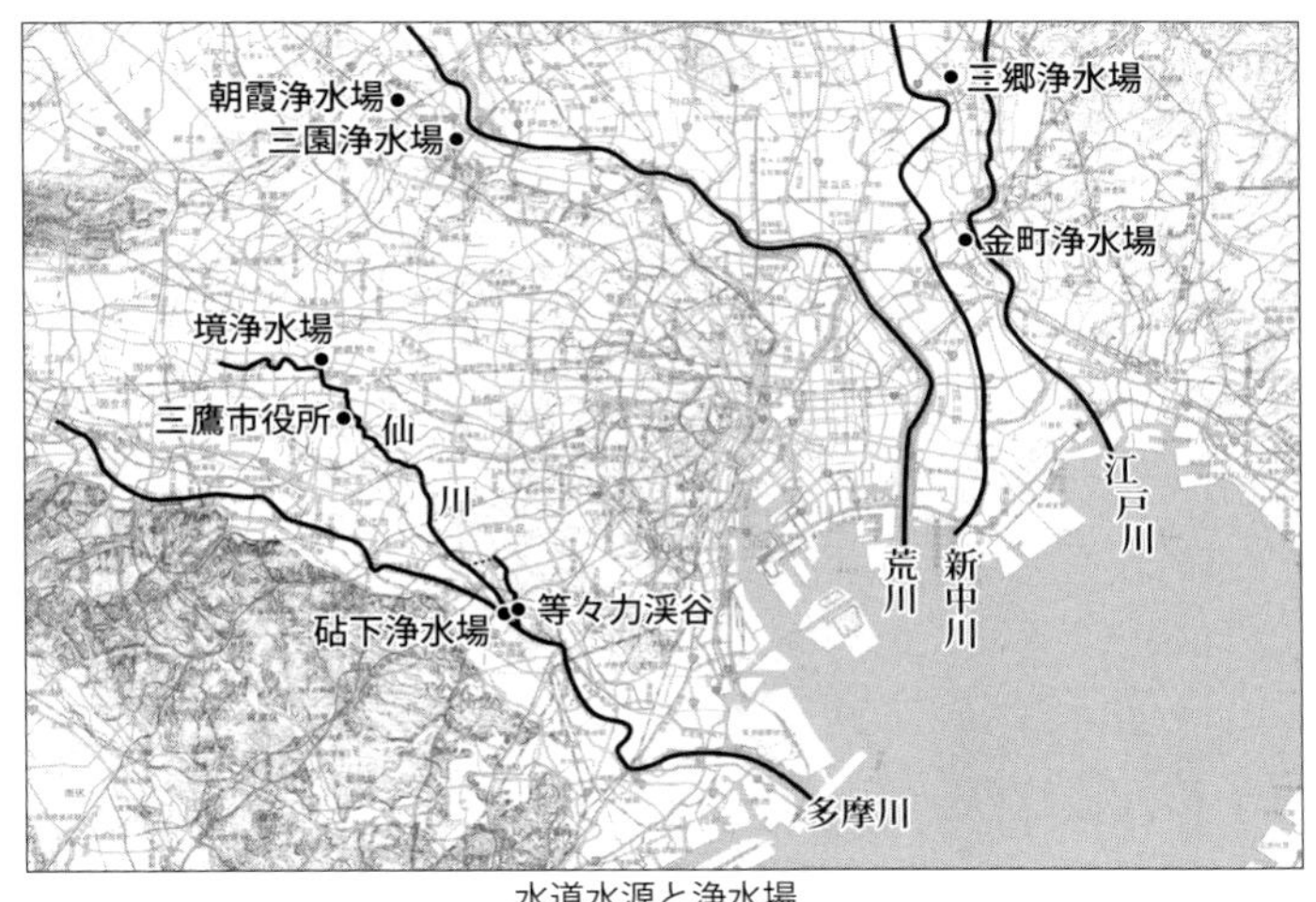

水道水源と浄水場

退してしまった。都市化が進み、降った雨はすぐにコンクリートの地面から下水へと流れ、流域に保水機能がなくなってしまったのである。隣の領地（流域）の主である仙川は谷沢川より領地が広く長い。かつての荒くれ者の谷沢川も、今では隣国の仙川から水を恵んでもらう境遇となってしまった。世の中の栄枯盛衰を見る思いである。

もう一つの謎解きとは、

「等々力渓谷には、利根川や江戸川の水が一部流れている」

というものである。

谷沢川も仙川も武蔵野台地に源流があり、通常そこに利根川などの水が流れることは、ありえない。だからこれが謎解きである。

これを解くには、仙川の流れに注目する

必要がある。仙川は小金井市を源流とし三鷹市などを経て野川へと注いでいる。上流部はコンクリート張りの水路に改修されていて水もほとんど流れていない。それが三鷹市役所東方で突然川幅が広くなり、水量も多くなる。三鷹市内にある東部下水処理場からの高度処理水が流されているためである。

ここで、２０１1年の東日本大震災で葛飾区にある金町浄水場の水に放射性ヨウ素が検出された時のことを思い出していただきたい。東京都は、23区及び三鷹市などに、乳児には水道水の利用を控えるよう呼びかけた。これらの区市の水道水には金町浄水場の水が含まれるためである。三鷹市の家庭の水道水には、荒川水系の朝霞浄水場からの水のほか、江戸川から取水する金町浄水場の水も含まれていた。そのため三鷹市にも乳児へ水道の水を飲ませないように警告がなされたのである。

ということは、三鷹市の家庭の水道の水に江戸川の水が含まれ、家庭で使用された水は下水となって下水処理場に行き、そこで高度処理され仙川に流され、それが谷沢川へと地下で送られ等々力渓谷へとやってくるという図式である。江戸川の水が浄水されたり高度処理されたりしながらも、とにかくそこから水がやってきている。江戸川は、元は利根川の本流だった川で、今も源流部は利根川から水が流れ込んで始まる。都会の川の水はいろいろな所からやってきているという、典型的な例である。

4

谷の中にすっぽり入る戸越銀座商店街 銀座の名称の由来とは

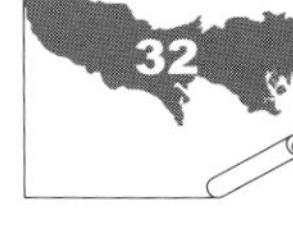

品川区の戸越銀座商店街は、東西にほぼ一直線1・3キロ伸びている。日本一の長さの商店街のようにいわれたこともあったが、大阪の天神橋筋橋商店街が2・6キロあり、最近ではこちらが日本一の長さとしてよく知られている。天神橋筋が平坦地なのに対し、戸越銀座商店街は谷筋にある。谷としては珍しく一直線で、そこにすっぽりと商店街がはまりこんだ格好だ。商店街の西端、中原街道にぶつかる付近で商店街は終わる。ここは谷の最奥部（谷頭）にあたり、そこから先は坂を上って住宅地となる。

昭和2年、この谷を南北に横切って池上電気鉄道（現・東急池上線）が開通した。ちょうど谷の中に戸越銀座駅が作られた。池上線は駅付近、北側の丘を切り通しによって、南側の丘は急勾配の坂（現在はトンネル）で越えている。

戸越銀座駅は、改札口を出るといきなり賑やかな商店街の中に入り込んだ形となる。私は小学生の頃からこのあたりをよく歩いていたので、土地の起伏が妙に頭に染みついてしまった。今でも戸越銀座駅に降り立つと、山間部を走っていた電車が盆地の中の都会へと

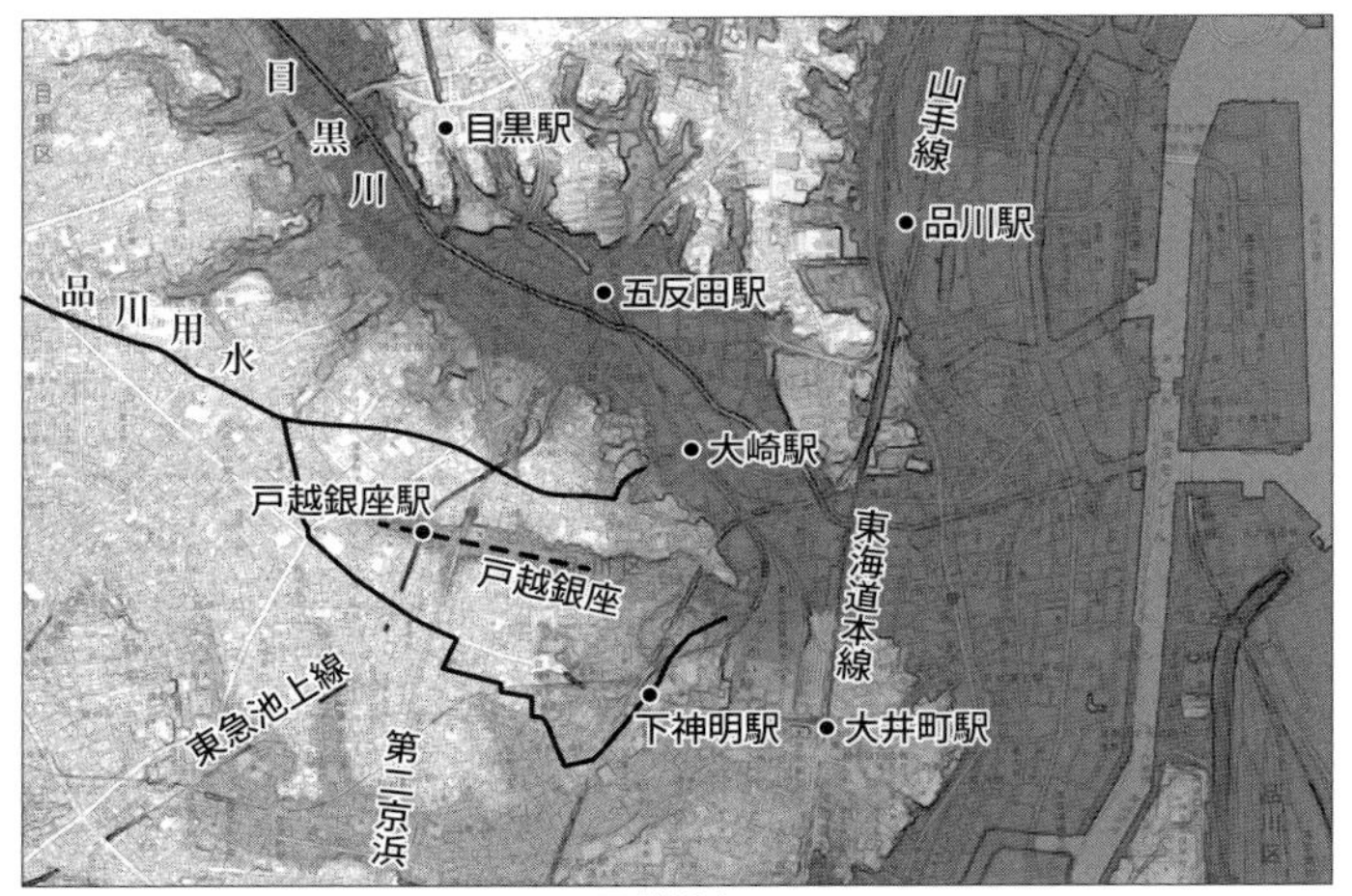

戸越銀座

入った時のような気分がする。

大正12年の関東大震災で、火災により東京の下町が壊滅的被害を受けた。その後郊外への人口移動が起き、戸越周辺も住む人が増えて戸越銀座商店街ができあがっていった。この商店街は、谷の中を流れていた小さな川の上にメインストリートがあるようなものなので、水はけが悪かった。そこで商店街では、地震で大きな被害を受けていた銀座から、当時ガス灯用のガス発生炉に使用されていた耐火白煉瓦を譲り受けて商店街に敷いた。銀座にあった煉瓦を敷いたので、日本で初めて「○○銀座」という名をつけたところ、それが話題を集めた。その後、○○銀座という商店街は全国に数多くできていく。

第4章 都会にのびるミニ山岳鉄道

山手線は、六つの峠を越える山岳鉄道？ 最高所の峠は、新宿駅付近

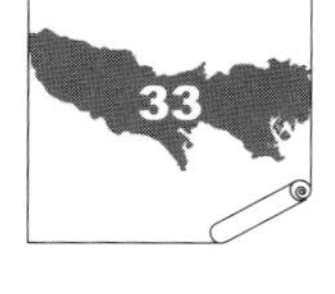

都心をグルリと一周34・5キロ、約1時間で走る山手線。西側半分では、微地形ながら山あり谷ありの武蔵野台地の中を走り抜け、東側半分では平坦な東部低地を行く路線である。通勤電車の代名詞的存在だが、台地と低地両方を走る点でも、東京を代表する鉄道といえるだろう。ここでは西側の武蔵野台地部分をたどってみよう。

品川から渋谷・新宿・池袋を経由して田端まで、ここがいわば「山線区間」である。この区間には、地形をよく見ると六つもの峠越えがある。越え方も微妙に異なり、微地形版の山岳鉄道とでもいいたくなる。一方、田端から東京を経て品川までは「海線区間」といえるだろう。田端から東京付近までは縄文時代の一時期は海だったし、東京―品川間は江戸時代より前は海だったり海辺だったりする所を走る。

品川駅を出発すると、すぐに左手（海側）に東海道新幹線の八ツ山トンネルが見えてくる。トンネルのすぐ上が道路なので、山のトンネルといった感じはまったくしない。山手線電車は右手に迫る八ツ山、御殿山の崖下を進んでいく。この二つの山は明治時代など鉄

道建設時に山腹を削られている。その先電車が目黒川の谷に出た時点で、小さいながら峠を一つ越えたこととなる。気がつかないうちに山越えしたという印象だ。

大崎駅、五反田駅と目黒川沿いの低地を進むと、白金台地が行く手をはばむように現れる。五反田駅付近からはその台地へ上る準備として線路は築堤上を進むようになり、しだいに高度をあげていく。ここで山手線は上下2段に分かれる。下の段の複線が湘南新宿ラインや埼京線が走る線路で、元は貨物線だった（通称「山手貨物線」）。明治18年の開業時からの線路（当時は単線）だ。上の段の複線が電車線で大正時代に線路増設されたものである。

開業時からの山手線（現在の山手貨物線）は勾配が最大10パーミル（水平距離1キロメートルで高さ10メートルを上る勾配）に抑えられている。蒸気機関車1両が長い客車や貨車を牽くには、この程度の勾配までが限界だった。電車は蒸気機関車より急勾配に強いので、山手電車線では25パーミルまで許容して作られた。ただし地形に忠実なのは開業時以来の線の方で、電車線の方は貨物線を跨いだり高架上のホームに駆け上がる時など、地形と関係なく路線の都合で上下する時に20パーミル以上が設定されている。

目黒駅手前で、かつては左から東急目蒲線（現在は地下化された東急目黒線）が目黒川の谷から急勾配で迫ってきて一気に山手線より高い所へ達し、台地の上の目黒駅ホームへと伸びていた。私鉄電車線ならではの身軽さという感じで、こちらはたしか40パーミルほどの超急勾配だったように記憶する。現在は地下を東急目黒線が走っている。

山手線は白金台地の上まで上りきれず、台地にぶつかった所からは切り通しとなり、目黒駅ホームは切り通しの中の一段高い所に作られている。ホームからは切り通しの底の貨物線を見下ろせる。この部分に大正時代まで後述の永峯トンネルがあった（142ページ参照）。

目黒駅を出ると山手線は立体交差で貨物線を跨ぎ並び方を変える。この付近が第二番目の峠で、恵比寿駅付近で渋谷川の低地に出る。地形的には目黒川と渋谷川の分水嶺を切り通しで抜けた形となった。

渋谷駅からは原宿駅を経て代々木駅まで、山手線最高地点へ向けての10パーミルの上り坂が続く。左

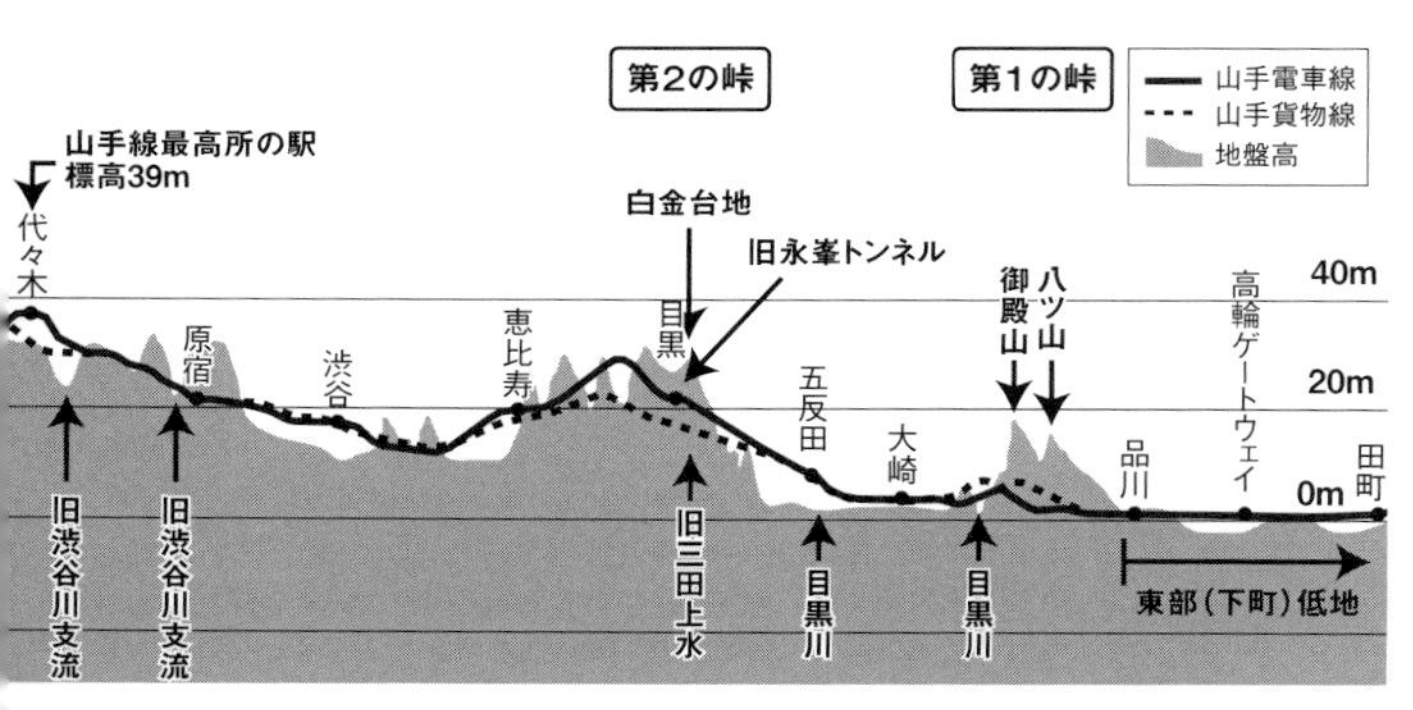

東京人』（都市出版）2012年8月号「山手線にもトンネルがあった!」（小野田滋）掲載の図版を加筆・修正

手には明治神宮の森を見ながらの三番目の峠へのアプローチである。昭和中頃まで、貨物列車は蒸気機関車が牽いていた。蒸気機関車は坂道を上るために力行運転すると黒い煙を盛んに吐く。原宿駅の先には皇室専用ホームもある。明治神宮やこのホームへ黒い大量の煙をもたらすのは不敬とされ、なるべく煙を出さずにこの上り坂を運転するように命じられ、機関士は苦労したという。その日の風向きにより、どこで加速しておくかなど気を使ったそうだ。

代々木駅の標高は39メートル。山手線最高所の駅である。品川駅の標高が約3メートル。ここまでで約36メートル上ってきている。なお代々木駅は高架上にあり、地盤面での最高所の駅は新宿駅で37メートルとなる。

新宿駅を出た山手線電車は、すぐに中央線を跨ぐ。その橋梁上が山手線としての最高地点で標高41メー

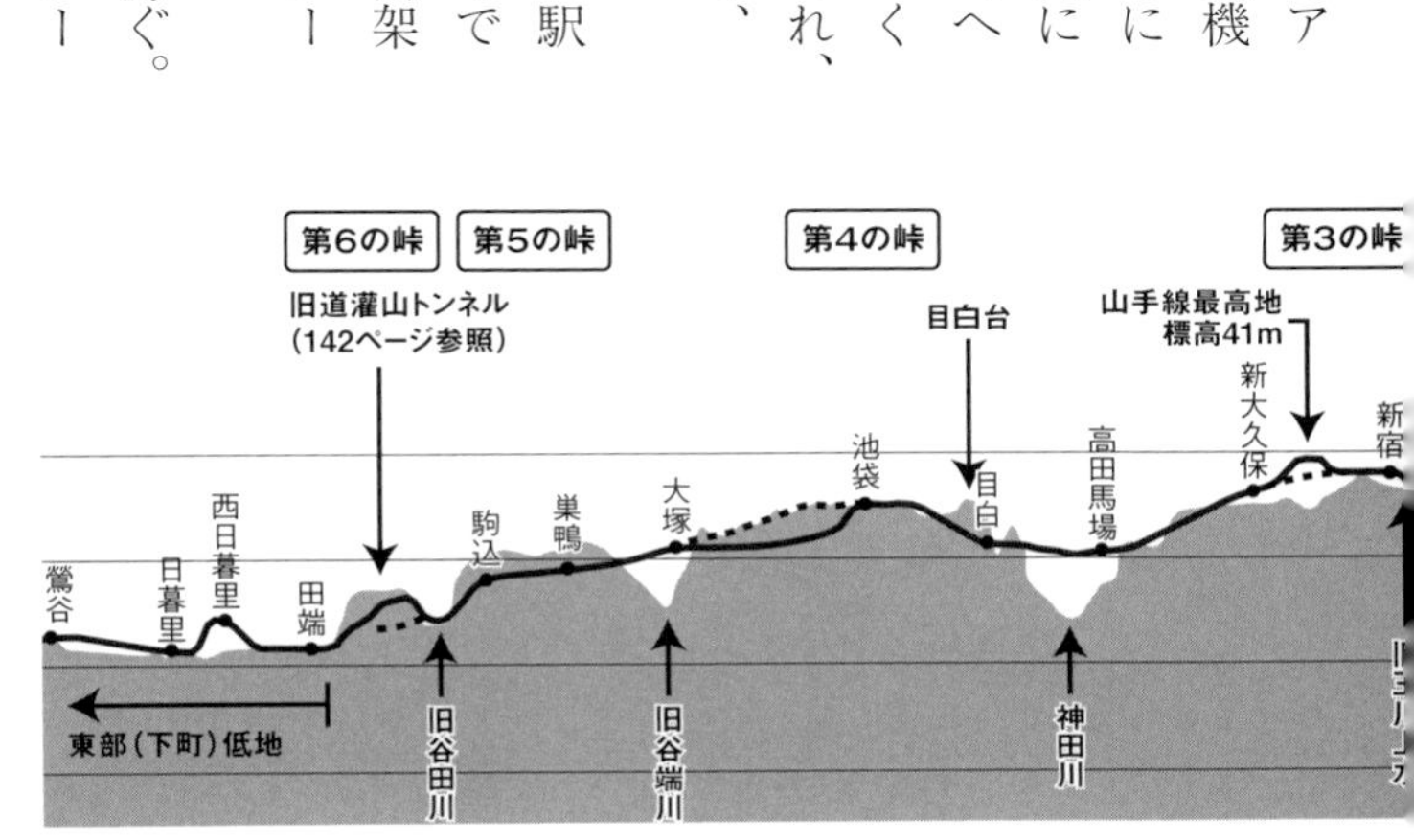

トル。路盤として地に足がついた形での「山手線最高地点」は、そのやや新宿駅寄りにあるようだ。気にする人などいないので、長野県などを走るＪＲ小海線の「ＪＲ鉄道最高地点（清里─野辺山間）」のように記念碑などもちろん立っていないし、場所も特定しにくい。新宿駅の代々木寄り、甲州街道をくぐる付近では、見えないが旧玉川上水の暗渠とも交差している。ここも新宿駅とほぼ同じ標高があり、玉川上水が尾根筋に作られていた証左ともいえる。個人的には、玉川上水を跨ぐ地点に、「江戸時代（玉川上水）と明治時代（鉄道）の双方の大事業、山手線最高所でここに出合う」といった記念碑を建ててもらいたいと願っている。

こうして第三の峠を越えた後、高田馬場駅までは10パーミルの連続下り勾配が続く。高田馬場は断面図を見る限り、高架ながら山手線の中で最も深い谷底の駅である。神田川が線路に交差して流れているので、谷を実感しやすい。谷の駅のイメージが強い渋谷駅の方は、山手線の断面図を見る限り、谷には見えない。こちらは第2章渋谷の項で述べたように、川筋に直交するのではなく川に沿って走っているためである。

神田川の谷は、北側斜面が険しく南側斜面が緩やかな、地理学用語でいう「非対称谷」となっている。山手線は険しい北側、目白台の斜面へと取りつくために、高田馬場駅付近から山手線内随一の高さの築堤で進んでいく。その築堤をもってしても目白台の上には達

高田馬場駅北方、高い築堤上の山手線を目白台（目白３丁目）の丘から見下ろす

せられずに切り通しへと続き、しばらく進んで池袋駅到着。このあたりが第四の峠越えとなる。

さらに旧谷端川の谷中に位置する大塚駅と旧谷田川の谷にある駒込駅との間、巣鴨駅付近で一つ峠を越えた後、田端駅手前で最後の峠（旧道灌山トンネル。142ページ参照）を越える。するとそれまで築堤や切り通しなど、武蔵野台地の凸凹地形を見続けていた目の前の光景は一変し、下町低地が一気に眼前に開ける。非常に印象的な車窓風景である。

新幹線の車両基地があり、「はやぶさ」や「スーパーこまち」などの新幹線車両が出迎えてくれるのも嬉しい。

外濠の底に作られた四ツ谷駅
徳川幕府が鉄道建設にもたらした恩恵とは

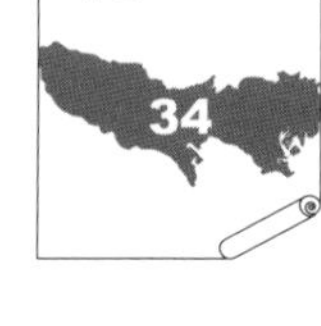

ＪＲ中央線四ツ谷駅は、江戸城の外濠の底という特殊な地形の場所に位置している。ホームの東京寄りは外濠の一区画である市谷濠の底、新宿寄りは同じく真田濠の底にあたる。ホームの新宿寄りからは隣の上智大学のグラウンドが見えるが、ここも真田濠の底続きである。

四ツ谷駅では、地下鉄丸ノ内線が地上に顔を出し、しかも地下鉄のくせに中央線を上から跨ぐ。これも見方を変えれば、丸ノ内線は真田濠にぶつかった所でお濠の中に顔を出したら、なんとその底に中央線が走っていた、といった具合である。丸ノ内線の立場に立てば、地下鉄が中央線の上を通るのが奇妙だといわれるのは心外で、中央線がお濠の底などを走っている方がおかしいということになる。

明治27年の現・中央線（当時は甲武鉄道市街線）四ツ谷駅開業当時は、真田濠にまだ浅く水が張られていて、ホームと線路の土手はお濠の中に浮かぶ島のような状態だった。お濠の底に駅を作るのは建設が大変だと思われるのに、なぜそんな所にわざわざ線路を通し

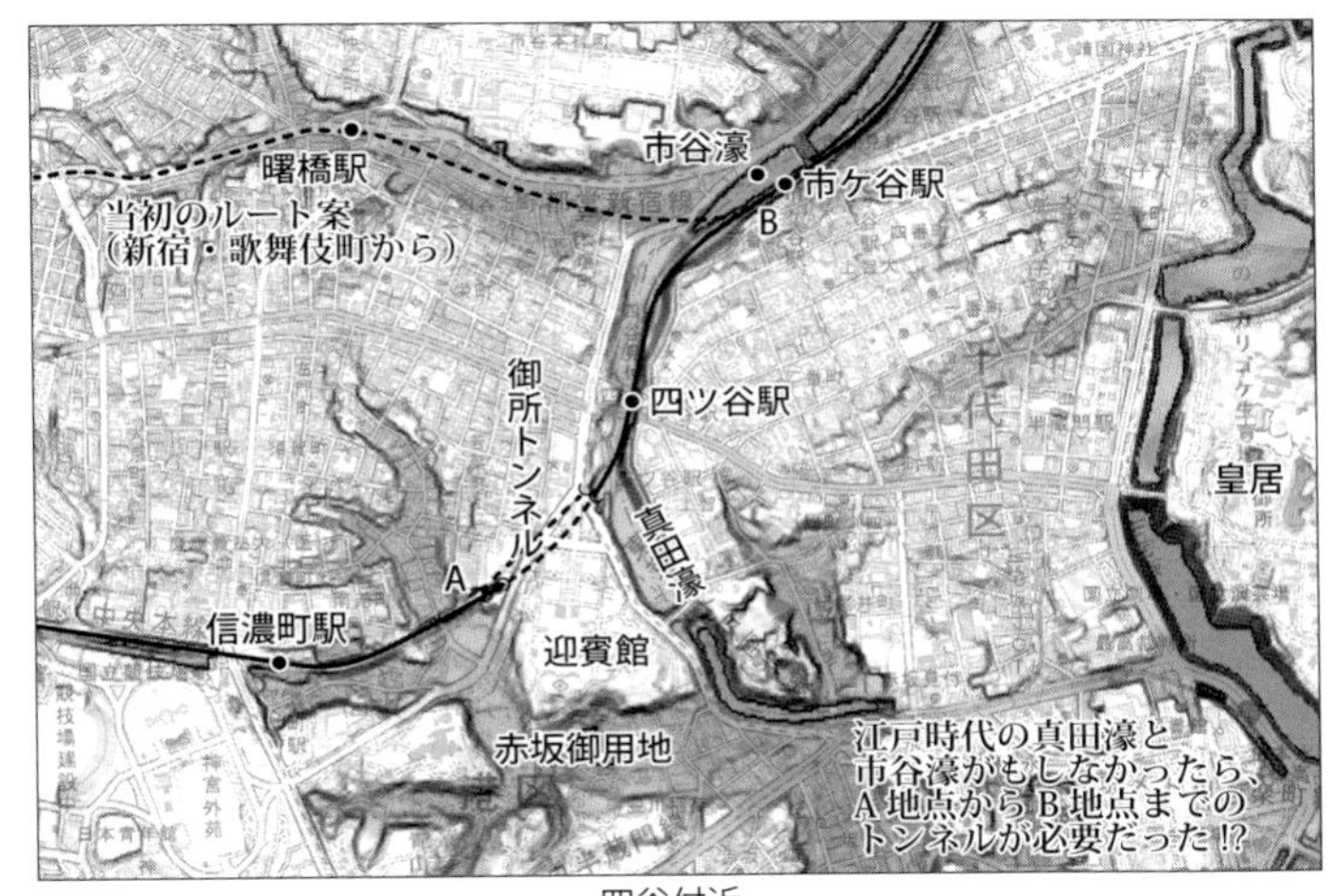

四谷付近

たのだろうか。

当初甲武鉄道市街線は、四ツ谷を経由しないルートで計画された。新宿から都心（飯田橋方面）へ向かうにあたり、いったん北東に進み（現行ルートは南東に進んでいる）現在の歌舞伎町から曙橋を経て市ケ谷へと南下するルートである。このルートだと若松河田付近からは旧紅葉川の谷筋を下る線形となり、地形的には無難なコースといえる。

だが沿線住民の建設反対運動にあったことと、このコースでは新宿から立川方面への同社の線と結ぶ場合、新宿で向きを変えるスイッチバックが必要となるためなどにより断念した。当時は蒸気機関車が客車や貨車の先頭に付いて牽引していたので、スイッチバックの場合、機関車を付け替えなければならなくなり手間がかかる。

別案として浮上した現在のルートは、地形を考えるとかなり大胆なルートだといえる。新宿から青山練兵場（現神宮外苑）の北を通り信濃町に出て、そこから赤坂御用地の下をトンネルで通り、そのまま真田濠の中に入り込んでしまうというコース取りである。徳川幕府によって作られた真田濠をちゃっかり使わせてもらう点が秀逸に思える。

赤坂御用地の下のこのトンネルは、御所トンネルと名づけられた。四ツ谷駅の新宿寄りホームからは、四角いコンクリート製の坑口が三つ並んだトンネルが見える。こちらは新御所トンネルで、昭和四年に線路が複々線化された際に造られたもの。長さは約３８５メートルある。１本だけやや離れて線路が伸びる中央緩行線（かんこうせん）（総武線）下り用が、明治27年以来の御所トンネルである。このトンネルの重厚な赤煉瓦アーチの坑口は中央線ホームからは見えないが、地下鉄丸の内線ホームからは間近に見下ろすことができる。複線用として建造されているものを現在は単線で使っているので、坑口が広く見える。

真田濠は徳川三代将軍家光の時代に完成した。第1章でも述べたが、外濠を構成している濠の中でも最も工事が大変だったものである。ほかの外濠は自然の谷を利用して造成されているが、真田濠とその隣の市谷濠だけは、江戸城周辺でも最も標高が高い所に位置しているため、台地を深く掘りこんで作らなければならなかった。

真田濠の中への出入口にあたる新御所トンネルの四ツ谷駅側坑口

そうして作られた真田濠があったおかげで、甲武鉄道は、赤坂御用地の地下を通った後、すぐに真田濠の中で地上に顔を出すことができた。もし幕府が真田濠を作っていなかったら、御所トンネルは四ツ谷を通り過ぎ市ケ谷駅付近まで掘り進まなければ地上に出られず、トンネルの長さは倍近くになっていただろう。

そうなるとトンネル掘削に多大な費用がかかり、甲武鉄道は資金面でも苦労していたので、現在の中央線の新宿以東は完成していなかった可能性もある。

徳川幕府が行った地形改造の大土木工事は、明治の世の鉄道建設の際にも、大きな恩恵をもたらしていたわけだ。

関東で初めての鉄道トンネルは山手線にあった！

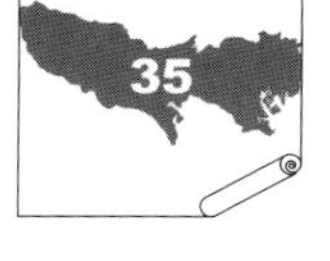

かつて山手線にはトンネルが二カ所あった、というと驚く人が多い。その一つが現在の目黒駅付近、山手貨物線部分にあった永峯トンネルである。山手線の前身日本鉄道により明治18（1885）年に竣工した。大正7（1918）年の山手線複々線工事の際に撤去されていて、それから100年近く経つため完全に忘れ去られているが、実はこのトンネルは関東で最初の鉄道トンネルという記念すべきものだった。長さは36・6メートル。さほど長くないが工事は横穴式に掘る山岳工法で行われたと推測されている。現在は切り通しに変更されていて、トンネルがあった痕跡はまったく残されていない。

もう一つのトンネルが駒込─田端間にあった道灌山トンネルで、明治36年、日本鉄道が池袋─田端間（当時の名称は豊島線）を開業した時に作られた。長さは数十メートル程度と短い。現在、山手線に乗って内回り側の車窓を注意していると、切り通しの斜面に煉瓦作りの坑門の一部が露出しているのが見える。こちらは都市の中の隠れた鉄道遺産発見といった味わいがある。

山手線目黒駅付近にあった永峯トンネル（上）と四ツ谷駅付近にあった四谷トンネル（左）

中央線の四ツ谷―市ケ谷間にも、今はない二つのトンネルがあった。四ツ谷駅のすぐ市ケ谷寄りにあったのが四谷トンネル、同駅間の中間地点付近にあったのが三番町トンネルである。いずれも明治27年の竣工で、長さは30メートル程度である。

それぞれは皆トンネルの上の土被りも低い。切り通しにして、必要ならその上に道路の橋などを架ければよい所なのに、なぜトンネルが作られたのだろうか。

四谷トンネルの例で見てみよう。なお四谷トンネルというと、前項でふれた現在もある御所トンネルと思いがちだが、それとは別のものである。

江戸時代現在の四ツ谷駅地点には、四谷見附の土橋があった。外濠を真田濠と市谷濠とに分けるもので、土を盛ってダムのようにした橋である。ここの土橋はとくに規模が大きく幅が50メートルほどもあった。その上には甲州街道が通り、脇には玉川上水の終点の四谷大木戸から江戸城（皇居）や市中への水道幹線の樋が埋められていた。木の樋が橋として渡されていた時代もある。この土橋を線路がくぐるために作られたのが四谷トンネルだった。

切り通しではなくトンネルとしたのには、重要な水路が上を通っていたことも大きな理由の一つと思われる。木の樋の橋を線路の上に架けるのではなく、頑丈なものを作りたいという配慮がなされたのではないだろうか。前記山手線永峯トンネルも、線路の上を三田用水が横切るところに作られている。トンネルの上に水路が通っていた。何度も触れているように江戸時代の上水・用水は尾根筋に作られているので、線路と交差する場合、上水・用水の方が線路の上を通る場合が多い。そうした場合、トンネルにまでしなくても、煉瓦で造った立派なアーチ橋を建造して上に水路を通した例も、甲武鉄道の国分寺駅や立川駅付近で見かけられた。

なお日本で初めての鉄道トンネルは、明治七年大阪―神戸間に建造された石屋川トンネル、住吉川トンネル、芦屋川トンネルで、これらはすべて天井川をくぐるために作られたものだった。天井川とは、洪水に備えて長年にわたり堤防を高くしていったために河床そ

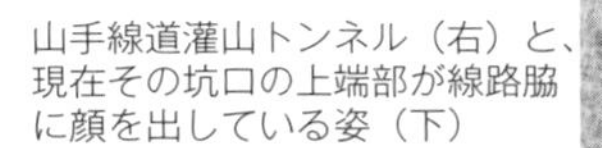

山手線道灌山トンネル（右）と、現在その坑口の上端部が線路脇に顔を出している姿（下）

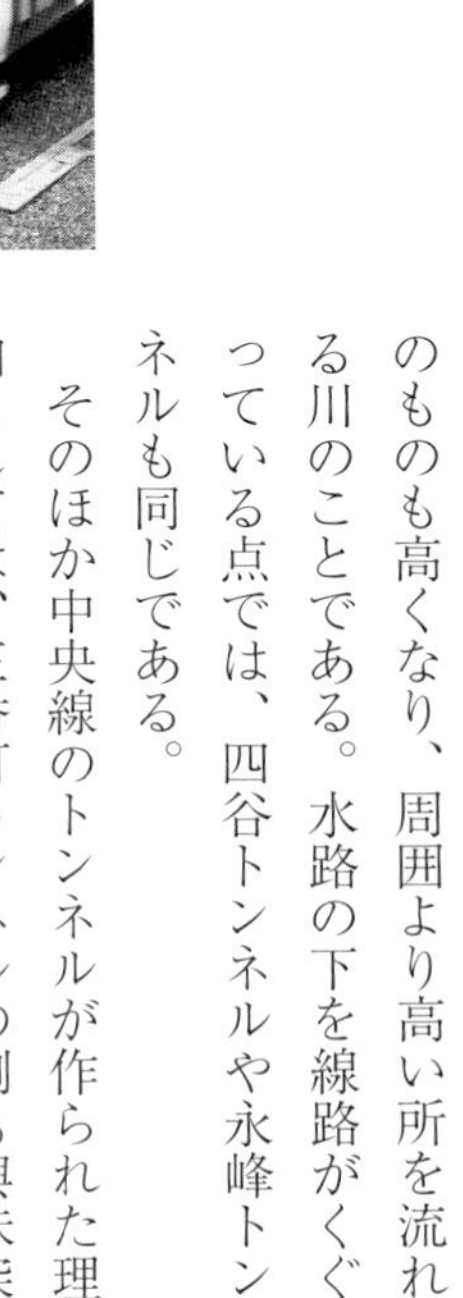

のものも高くなり、周囲より高い所を流れる川のことである。水路の下を線路がくぐっている点では、四谷トンネルや永峰トンネルも同じである。

　そのほか中央線のトンネルが作られた理由としては、三番町トンネルの例も興味深い。こちらは外濠の風光明媚さを維持するために土手を崩さない配慮からトンネルにしている。明治時代に景観に配慮したことには驚かされるが、それだけこの地の景観が優れていたためともいえる。

　四谷トンネルと三番町トンネルは、中央線複々線化工事のため昭和初期頃に撤去されてしまった。

4

仙台地下鉄には完敗 東京で一番高い所にある地下鉄駅は何駅？

36

平成27年12月に開業した宮城県仙台市の仙台地下鉄東西線は、西側の終点の八木山動物公園駅が、「日本一高い場所の地下鉄駅」として話題となった。地下３階にあたる部分にホームがあり、その標高（レール標高）は１３６・４メートルもある。標高約１５０メートルという高い所に駅（地上の出入口）があるので、地下でもこれだけの標高に達した。

八木山動物公園駅は、地下鉄仙台駅から路線距離で６・５キロしか離れていない。市街にある地下鉄仙台駅のレール標高は５・７メートル。仙台の町は西側に山が迫っていることがよくわかる。東京でいえば、東京駅から路線距離で47キロ離れた中央線八王子駅でも標高は約１１０メートル。八木山動物公園駅の標高に達しない。その先、たとえば標高約１７０メートルの高尾駅まで地下鉄を敷いて駅を設ければ、この日本記録を更新できることとなる。蛇足ながら、仙台平野に位置する仙台市街は低地にあると思われがちだが、標高35～40メートルあり意外と標高が高い。そのため東日本大震災では津波はやってこなかった。

試みに東京で一番標高が高い場所の地下鉄駅はどこか調べてみた。すると東京の場合この定義が難しいことに気づいた。東京メトロ千代田線代々木上原駅、東西線中野駅、副都心線和光市駅などは皆レール標高が30メートルを越えるが、どれも地上駅である。他の私鉄線とつながってもいて、地下鉄の最も高い駅というにはなんとなく抵抗を感じる。路盤面（駅本屋中心の施工基面）では中野駅が約39・6メートルあり上記3駅の中では最も高い。

地下にホームがある地下鉄駅でレール標高が最も高いのは、丸ノ内線の終点荻窪駅だと思われ、地図からの標高読み取りでの推計だが、レール標高が約34メートルとなる。二つ隣の新高円寺駅も、地盤は荻窪駅より5メートルほど低いがホームが地下浅い位置にあるので、レール標高は荻窪駅と同じ程度のようだ。丸ノ内線は、都内で最も西まで伸びる地下鉄であり、開業も銀座線に次ぐ二番目の古さを誇る。初期に作られた地下鉄は比較的浅い地下を走る。東京の地下鉄駅で最も標高の高い駅は、こうした条件を兼ね備えた丸ノ内線にあるのはうなずける。

なお令和2年6月に兵庫県の北神急行電鉄北神線が神戸市に移管され市営地下鉄北神線となった。それに伴い、標高約２４４ｍの地に高架ホームがある同線谷上駅が、地上の地下鉄駅としては日本一の高さとなる。

地下鉄で日本一深い六本木駅より さらに深い駅がある？

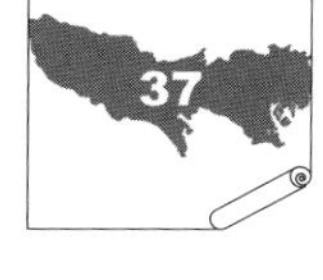

次は東京の地下鉄駅の深さに目を向けてみよう。地下鉄で日本一深い所にある駅として知られているのが、都営大江戸線六本木駅である。上下線でホームが分かれていて、深い方の汐留方面行きのホーム（基盤。以下同）は深さ42・3メートルある。10階建てのビルがすっぽり入ってしまう深さだ。さすがに地表からホームにたどりつくまで遠い。

だがそのホームから電車に乗り次の麻布十番駅へと向かうと、電車は明らかにさらにぐんぐんと下り勾配を走り続ける。一番深いはずなのになぜ、と不思議に思う。この謎は地形に関係している。

ネットなどで見ていると、海抜が一番低いのが大江戸線六本木駅と書かれているのが多数見受けられるが、これは明らかな間違い。麻布十番駅ホームは六本木駅ホームより約14メートルも海抜が低く、海抜マイナス約26メートルである。六本木交差点は飯倉台地上にあり標高約30メートル、一方下町ムード漂う麻布十番商店街は芋洗坂を下った先にあり、同駅のある新一ノ橋交差点では標高5メートルしかない。両者の駅の標高が25メートルも

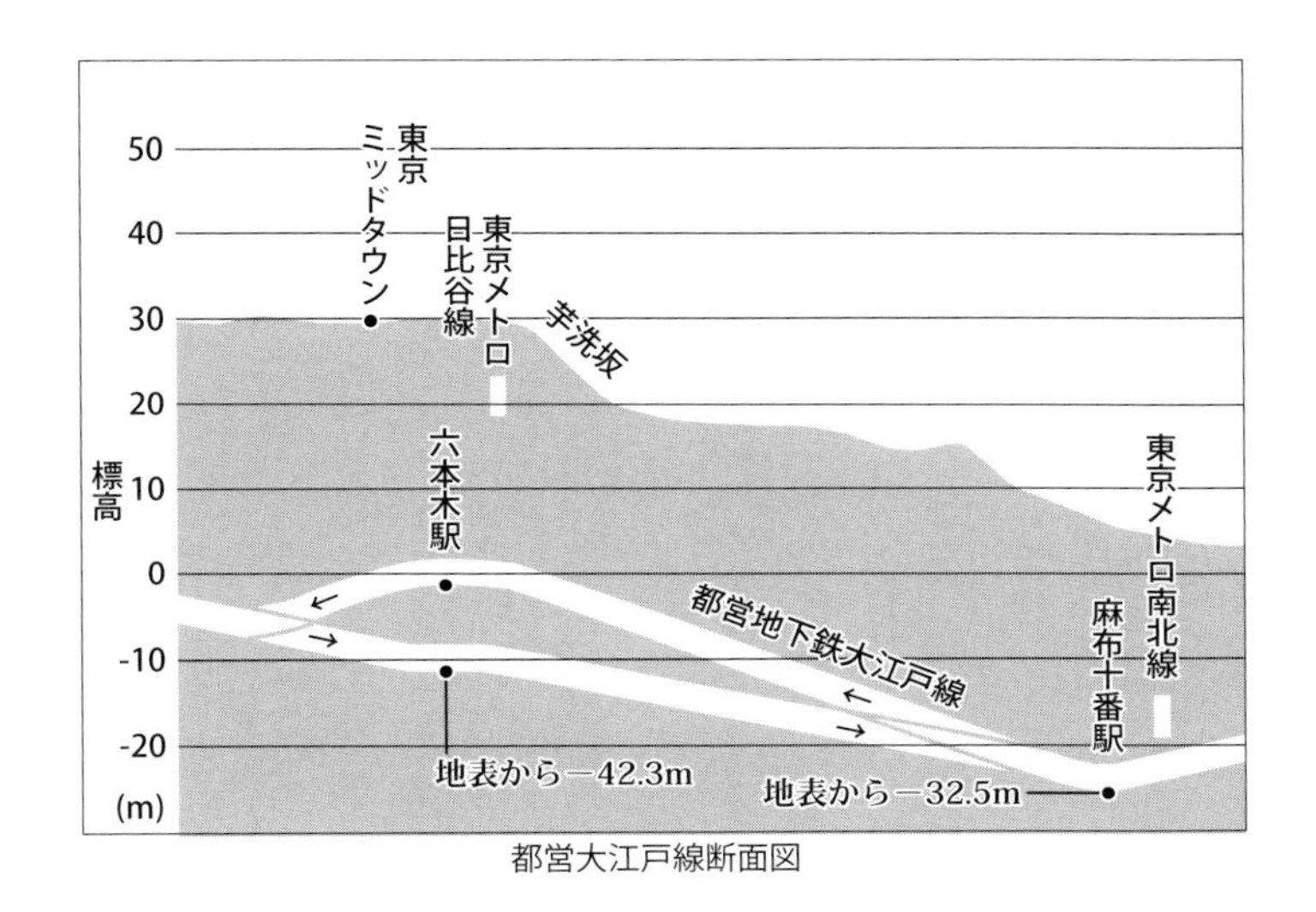

都営大江戸線断面図

違う。そのため地表から測った駅の深さでは、六本木の方が深いということになる。

それでは海抜が一番低い駅はどこだろうか。それは東京メトロ半蔵門線住吉駅の押上方面行きホームで海抜マイナス約33メートル。このホームに降り立ち深〜い所にいることを味わってみたことがあるが、地下で壁しか見えないので実感は湧かなかった。

駅にこだわらなければ、りんかい線新木場方面行きの大井町―品川シーサイド間で、深い所で海抜マイナス40メートルを超える。鉄道に限らなければ首都高速中央環状品川線の南品川換気所付近の路面は海抜マイナス52メートルに達するという。様々なインフラをよけて通っているうちにどんどん深くならざるを得なかった結果である。

4

池上線五反田駅から山手線内側への延伸計画 島津山越えのルートを探る

高架上にある山手線五反田駅ホームから、さらに見上げる高さに東急池上線五反田駅ホームがある。駅ビルの4階の高さにあたり、屋根はあるものの吹きさらしのその姿は、無意味に高いように思える。ホームを支える高架橋に目をやると、複々線の山手線を一気に跨ぐ幅が広い無骨な鉄の橋梁（橋脚と橋桁が一体となった鋼ラーメン橋）も印象的だ。行き止まり式のこのホームへやってくるわずか3両編成の短い電車ともども、池上線五反田駅に哀愁を感じるのは私だけだろうか。そう思わせる背景として、池上線が山手線の内側にまで延伸をもくろみながら、それが果たせなかった歴史も大きなウエイトを占める。

東急池上線の前身、池上電気鉄道は蒲田から五反田方面へ順次路線を伸ばし、昭和3年五反田へと線路が到達する。ここからさらに白金猿町を経て品川駅までの路線を伸ばす計画だったため、五反田駅では山手線の上を行く形でホームを建設した。

途中の白金猿町は当時の東京市の南端で、現在の港区と品川区の境界にあたる。当時その南の五反田などは市外の荏原（えばら）郡だった。白金猿町までは都心方面から東京市電の路線が

池上電気鉄道、五反田の先は……？
（大正５年修正測図１万分１地形図より）

伸びてきていた。白金猿町という中途半端な場所が終点となっているのは、東京市電は一部の例外を除いて東京市の範囲内を路線網としていたためである。そこで池上電気鉄道では、五反田から白金猿町まで路線を伸ばして市電への乗り換え客の便をはかり、さらに近くの品川駅まで路線を伸ばそうとした。

池上電気鉄道の経歴や、この計画が実現しなかった事情など、本書が鉄道書なら延々と述べるところだが、以下池上線延伸計画を地形の面で追うことに専念したい。五反田駅のある目黒川の低地から第２章でふれた島津山、八ツ山を経て品川駅へのルートを計画していて、それを具体的に想像してみるのはとても興味深い。ルート選定のポイントは、五反田から品川に向かう際、必ず白金猿町付近を通ることである。

五反田駅の地表は標高3メートルしかないが、高架上の池上線の線路の標高は15メートルくらいあるだろう。市電の白金猿町停留所は、島津山の北端にあたり標高21メートルなので標高差は少なく、線路の勾配としては問題ない。記録（国立公文書館の『鉄道省文書』）では、島津公爵邸付近と毛利公爵邸の開放地で池溝を埋めた付近に空き地があり、こうした空き地があるのは買収しやすく天佑（てんゆう）ともいうべきもの、とある。なお同文書には添付されていたはずの地図が欠如していて正確なコースが分からず、想像するしかない。

曲線半径を150メートルの急カーブまでOKとすると、以下の2案が推測できる。

A案……五反田駅から現在の桜田通り（国道1号）に沿ってまっすぐ進み、清泉女子大（旧島津邸）の北側を右へと回り込み品川プリンスホテル（旧毛利邸）北側の柘榴坂（ざくろざか）沿いに下り、京浜国道（現第一京浜）を高架橋で跨いで、品川の高架駅へと着くコース。

これだと実は白金猿町停留所の約300メートル手前で右に曲がってしまい、市電との乗り換えがやや不便なのが難点である。だが皇族の邸宅（北白川宮邸・現グランドプリンスホテル）に入り込まずにコースを取るには、これがもっとも無難なコースである。

B案……清泉女子大の北を右に回り込むにあたり、いったんコースを左に振って白金猿町の西側の谷に降り、そこから大きく回るコースも考えられる。この場合、谷部分で築堤建

山手線線路の頭上高くを跨ぐ池上線五反田駅ホーム

設に追加費用がかさむ。

いずれの案になっていたとしても、五反田の低地から島津山へと高架で近づいていく場面、左に朝香宮邸（現シナガワグース）、右に毛利邸を見下ろしながら高架で品川駅へと入る場面など、車窓風景としてぜひ見たかった。

実際は昭和7年、東京市が5郡隣接町村を合併し35区へと拡大し五反田駅も東京市内となる。翌年には東京市電は白金猿町から五反田駅まで延伸してきて、池上電気鉄道の計画路線の価値は大きく減じてしまった。池上電気鉄道自体も昭和9年、東急の前身である目黒蒲田電鉄に吸収合併され、品川への延伸計画は日の目を見ずに終わることとなった。

海中の築堤を進んでいた東海道本線線路の場所は今どうなっている？

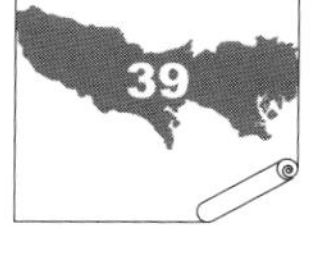

令和2年に開業した山手・京浜東北線高輪ゲートウェイ駅。駅構内の場所は明治時代後期頃まで、沖合100メートルといった海の中だった。

かつての海岸線は、現在線路に並行している第一京浜国道のあたりだった。開業まもなく訪れた時の印象だが、西口しかない高輪ゲートウェイ駅の改札口を出ると、駅前には第一京浜国道沿いまで約100メートル幅で、建物がほとんどない。建設中だったり広場だったりする。ビルが並ぶ国道沿いまで歩いて向かう間、昔の地図を思い浮かべていたせいか、船で桟橋に下りたって、陸地へと向かっているような気がした。

この周辺の歴史を振り返ってみよう。明治5年、日本で初めて新橋―横浜間に鉄道が開通した時、新橋―品川間の一部では、線路が海の中を通っていた。もう少し詳しくいえば、現在の田町駅の浜松町寄り、芝浦1丁目付近から品川駅付近までは、海岸線の数十メートルから100メートル程度沖合に築堤を建造してそこに線路を敷いた。

遠浅の海とはいえ、わざわざ海上に線路を敷いた理由は二つ挙げられる。第一には、こ

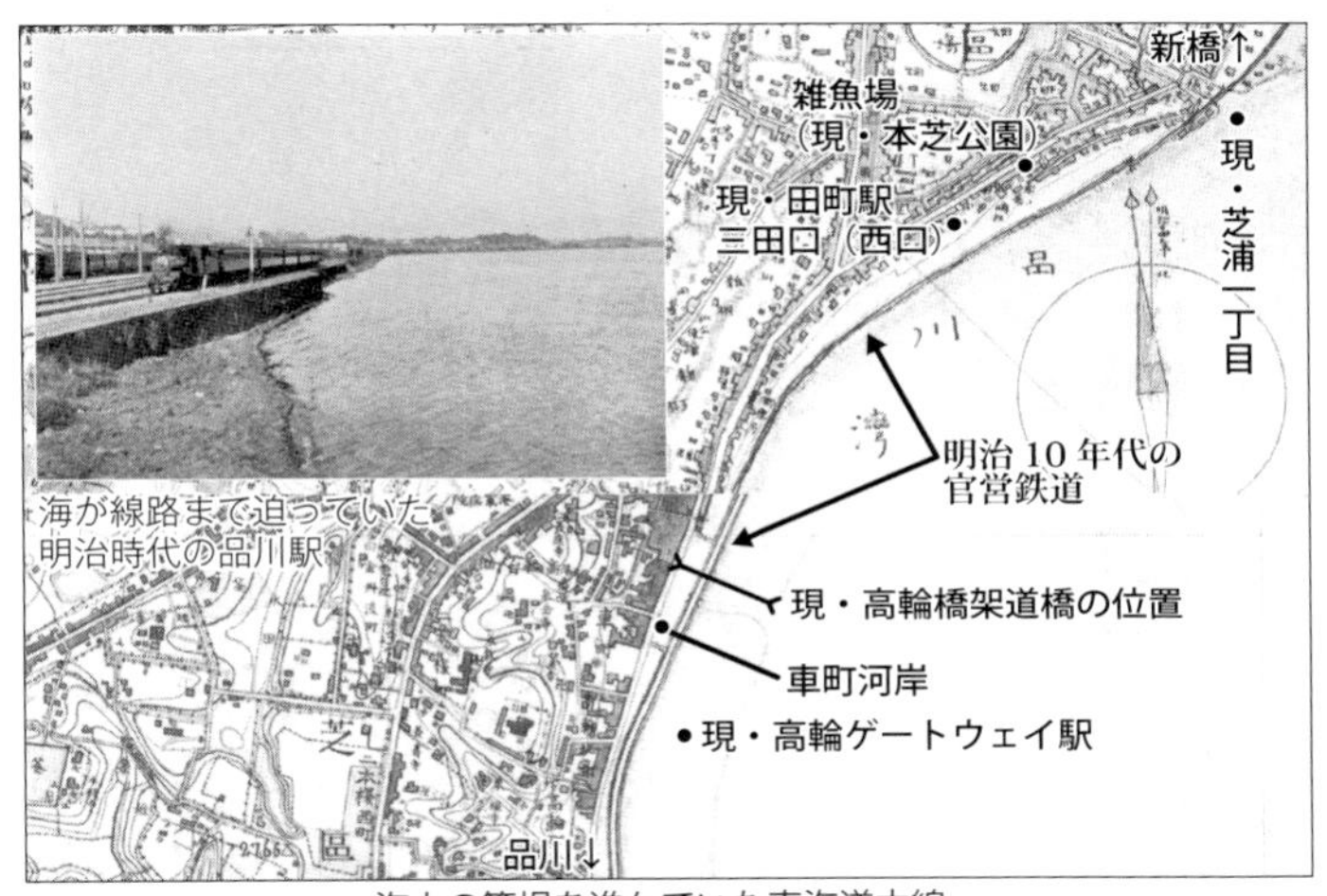

海上の築堤を進んでいた東海道本線
（農研機構提供の関東平野迅速測図（明治10年代に測図したもの）に加筆）

の区間では江戸時代以来の東海道が海岸線近くを通り人家も多く、線路を敷く用地買収が困難だったこと。第二には、兵部省が鉄道建設よりも国防上軍艦製造の方が急務だと主張し敷設に反対したためである。兵部省の建物が品川の八ツ山下などにあり、用地の引き渡しを拒んだだけでなく測量も妨害した。それで海上に線路を設けるしかなくなってしまったという。

本書では、地形に今も残る過去の痕跡をいろいろと見てきたが、海中に作られた築堤の跡は、残念ながら凸凹地図をもってしても分からない。築堤は波に削られないように石などで固められたと思うが、その遺跡のようなものが今もあるのかどうか不明である。せめて正確な場所だけでも知りたいと、明治20年頃までに作られた「関東地方迅速測図」などで鉄道開業時の線路の地点を特定してみた。

この付近は現在山手線、京浜東北線、東海道新幹線のほか、部分的に車両基地の電留線など、最も少ない場所でも10本近くの線路が並行して敷かれている。高輪ゲートウェイ駅開業の前年、品川―田町間では山手線と京浜東北線線路が約１００メートル、海側に付け替えられた。高輪ゲートウェイ駅付近では、山側の付け替え前の山手線線路と海側の新幹線線路とでは、３００メートル近く離れている。

それらのうち明治開業時の線路は、田町駅前後の約1キロでは、最も海寄りの東海道新幹線の線路部分、その先札の辻橋から品川駅までは、最も山側の線路（付替前の京浜東北線・山手線）部分に敷かれていた。

線路の築堤建設によって、海岸線と築堤との間は、細長い運河が続く形となった。この運河と東京湾とを船が行き来できるように、何カ所か築堤を途切れさせ橋で線路を渡した場所がある。この地点は現在の地図で痕跡が見つけられる。

その一カ所は田町駅のすぐ浜松町寄り、線路に沿って山側に１００メートルほど細長く伸びる本芝公園の場所である。同公園から線路をくぐって海側に続く徒歩と自転車専用のガード（架道橋）が伸びている。その部分が水路の跡で、今でも周囲よりぐっと低くなっ

田町駅北方、昭和 40 年代前半まで船が出入りしていた水路跡の雑魚場架道橋

ている。本芝公園の地は江戸時代、魚を水揚げする場所で雑魚場(ざこば)と呼ばれていた。筆者の小さい頃の記憶でも、昭和43年頃まで木製の古びた舟が何艘か浮かんでいて傍らには小さな祠があり、山手線の内側なのに港町の一郭のような不思議な雰囲気を漂わせていたのを覚えている。

もう一カ所は、高輪ゲートウェイ駅から300メートル田町駅寄り、東京の珍名所、高さ制限が1・5メートル、大人は屈んで歩く長さ約250メートルの高輪橋架道橋下区道（令和14年竣工予定の第二東西連絡道路の工事による規制あり）がある。この区道に並行してすぐ隣に水路があり（工事が進むと消滅か）、いつの頃からか水路に並行してこの区道が作られたようだ。

京王線と小田急線で沿線の地形がまったく異なるのはなぜ？

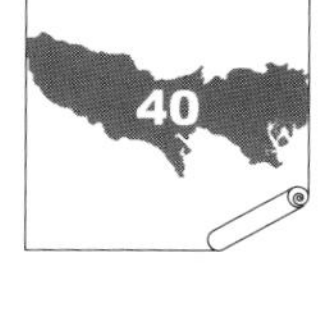

新宿を起点に西へと走る京王線と小田急線。いずれも地下にもぐったり高架を通ったりと線路に多くの改良が加えられている近代的路線だが、通っている場所の地形はといえば、実はまったくといっていいほど異なっている。比較的近くを走っているにも関わらずこの相違が生まれた背景は、「鉄道における世代間ギャップ」ともいえるものと関係している。

京王線は京王電気軌道として新宿（当時は新宿追分まで）―調布間が大正４（１９１５）年に全通する。小田急（小田原線）は新宿―小田原間が昭和２（１９２７）年に全線同時開業する。このわずか12年の差が、鉄道路線の発達史の中ではとても大きいのである。

明治時代から大正初期にかけて開業した東京の私鉄路線は、江戸時代の街道沿いに敷かれたものが多い。街道沿いの集落を往来する乗客を見込んでの敷設である。

・日光街道沿い　東武鉄道（現東武伊勢崎線）　明治32年　北千住―久喜（くき）間
・東海道沿い　京浜電気鉄道（現京急本線）　明治37年　品川―川崎間
・大山街道沿い　玉川電気鉄道（昭和44年廃止）　明治40年　渋谷―玉川（二子玉川園）間

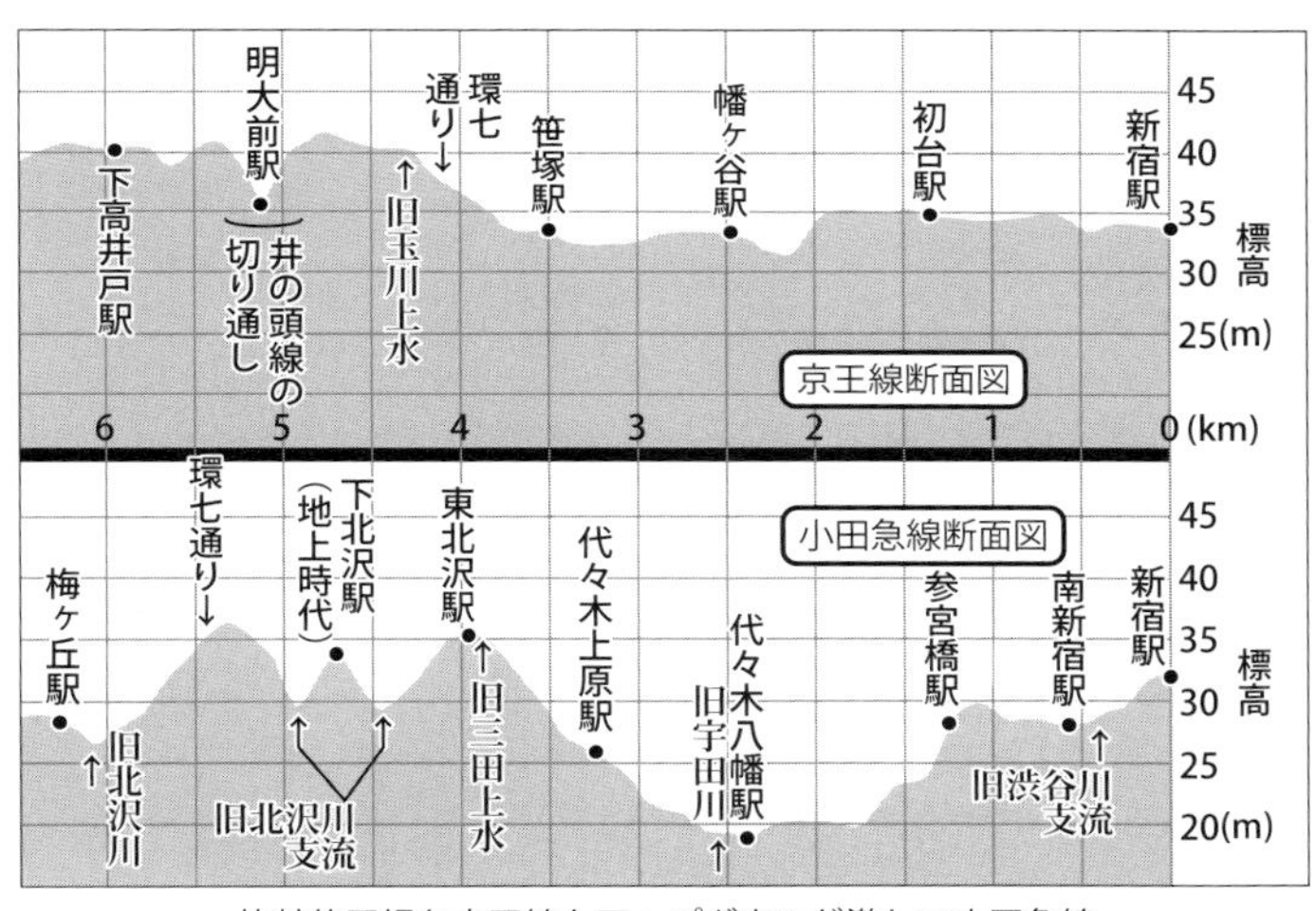

比較的平坦な京王線とアップダウンが激しい小田急線

・甲州街道沿い　京王電気軌道（現京王線）　大正4年　新宿追分─調布間
・川越街道沿い　東上鉄道（現東武東上線）　大正3年　池袋─田面沢（たのもざわ）（現川越市の先）間

京王線はこの明治～大正初期世代に入っていて、開業当初は甲州街道を路面電車として走っている区間も多かった。甲州街道上でない所でも、ほぼ全区間甲州街道近くを西に進んでいる。甲州街道は第1章で述べたように、皇居半蔵門から新宿を経てさらに西へと続く尾根伝いに作られている。アップダウンが少なく、雨天時に周囲から水が集まって長いことぬかるむといったこともあまりない。江戸時代にそうした好立地の場所に街道を通している。そのため京王電気軌道も尾根伝いに進む区間が長い。

大正時代後半になると田園都市といった概念が日本にも導入される。大正12年の関東大震災で下町から郊外へ大勢が移住したこともあり、都心と郊外を結ぶ郊外型私鉄が次々と開業するようになった。私鉄会社が宅地開発を行う場合も多く、人家が少ない丘陵地へも線路を通していく。路線は丘や谷を何度も突き抜けながら敷かれていく。

大正12年から昭和2年にかけて開業する目黒蒲田電鉄（現東急目黒線、多摩川線）、東京横浜電鉄（現東急東横線）、小田原急行電鉄（現小田急線）などがその代表格である。小田急線では、その北側で京王線が尾根伝いに走っている間に、河骨川など渋谷川支流を二つ、目黒川支流の北沢川、さらに目黒川源流部の烏山川、野川支流の仙川というふうに、谷を次々と越える。京王線は仙川の谷にぶつかるまで、越える谷はない。谷と谷の間には丘があるので、小田急線はその間上ったり下りたり、または築堤上と切り通しとの走行を繰り返す。

昭和8年、帝都電鉄（現京王）井の頭線が開業し、途中小田急線と京王線とクロスする。通常、後にできた路線はそれ以前からあった路線の上を通る。井の頭線は下北沢駅で小田急線の上を通るが京王線とは明大前駅で下をくぐる。京王線が尾根伝いに走っているためで、井の頭線はそれを乗り越えるのは諦めて、尾根へ向けて切り通しで進んでいく。

水と川にまつわる話

4

「ゼロメートル地帯」になった原因は工業用水汲み上げと「東京ガス田」のため

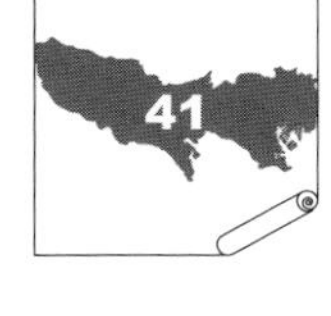

ここまで主に武蔵野台地について述べてきたので、東部低地（下町地域）についてふれてみたい。東部低地には「ゼロメートル地帯」と呼ばれる地域が形成されている。標高ゼロメートルならまだいい方で、江東区の東部一帯など標高でマイナス2メートル以下だ。満潮面（標高約0・9メートル）より低い地域は江東区、墨田区の全域、江戸川区、葛飾区、荒川区、足立区のそれぞれ半分ほどの地域となる。堤防がなかったら日常的に海水がやってくる場所がこれだけあるわけだ。過去に東京では満潮面より2メートル以上高い高潮も観測されていて、そうなると堤防がなければ理論上は海から20キロ近く離れている足立区の北部まで海水がやってくる。

なぜ海抜より低い土地が生じたか。それは、長い間大量の地下水を汲み上げたことなどによる。明治時代後半以降、各種製造業の発展にともない、この地域は日本屈指の工業地帯となった。工業用水が必要となり、水を地下水に求めた。川の水を使えればいいのだが、荒川や隅田川の水は、東部低地では満潮時に海水が遡るため塩分が混じっているので使え

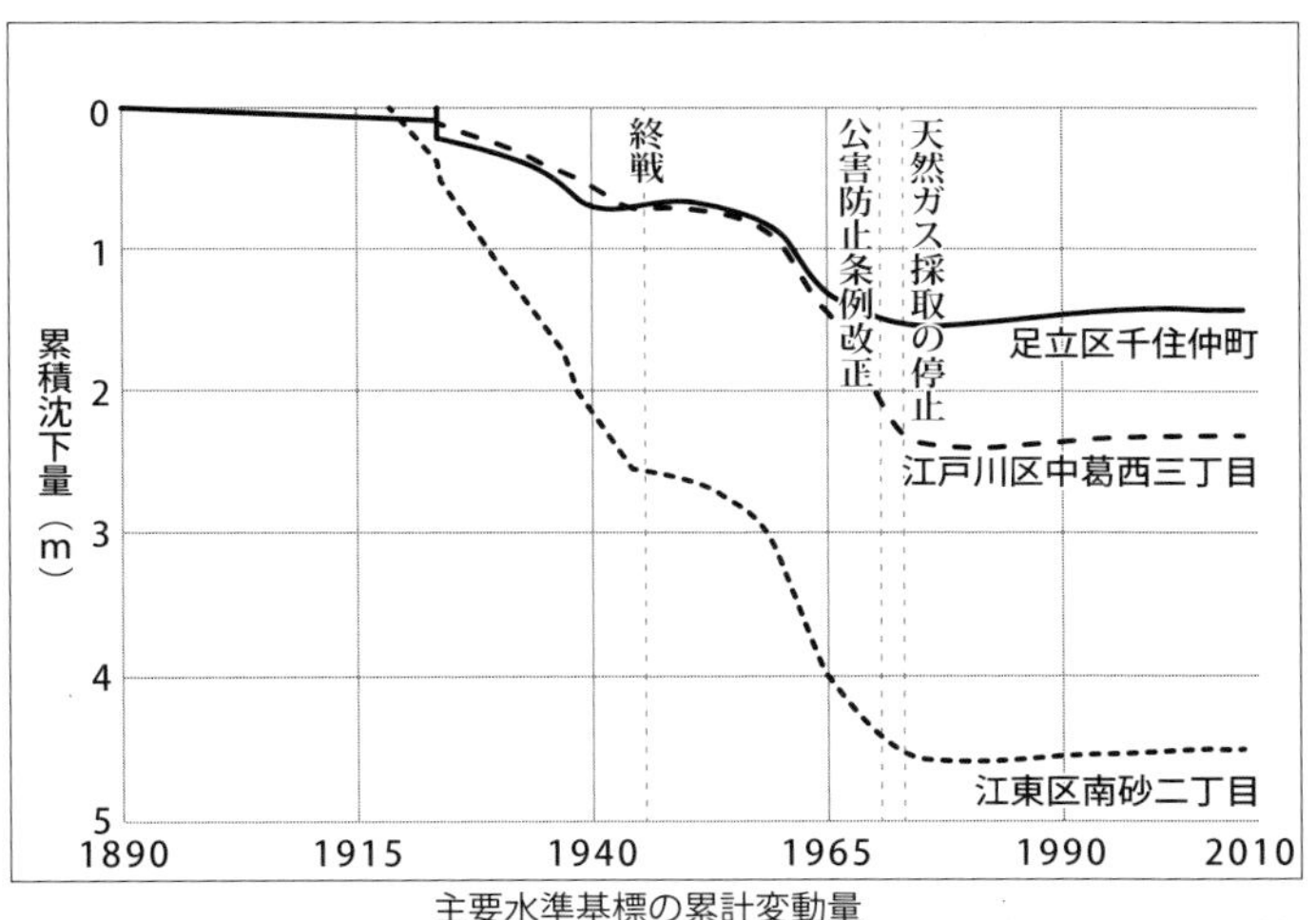

主要水準基標の累計変動量
（『東京の低地河川事業』東京都建設局河川部（平成 22 年）掲載の図を元に作成）

ない。また河川の水には水利権という壁があり、農業用水との調整が必要となる。地下水には水利権がなく、自分の土地の水は自分のものと規定されているので、お金を払う必要がなく水質もいい。

揚水による地盤沈下は大正時代から顕著になり、江東区南砂2丁目の水準基標の地では、大正7年から昭和55年までに約4・5メートルも沈下している。2階建て民家の屋根くらいの高さ分も沈んだこととなる。

最初のうちは浅い地層からの地下水を利用していたが、その水がしだいに不足してくると、地下数百メートルという深い所まで掘り下げるようになった。ここで掘り当てたのが天然ガス（メタンガス）だった。

東部低地の地下水には濃度の高いメタン

が大量に含まれていた。メタンは、地層の中に閉じ込められた大昔の海水中の微生物により生成されたとされる。この地下水が地下で高い圧力下にある場合、メタンは水に溶けている。地上に汲み上げられて高い圧力から解放されると、水と分離してガスとなる。メタンガスは燃料ガスに使える。エネルギーになり金になる水を掘り当てたことになった。

メタンガスのための揚水が本格的に始まったのは昭和の戦前からだった。江戸川区や江東区ではたくさんのガス井戸が掘削され、当時これらは「東京ガス田」と呼ばれた。前述の南砂2丁目では大正7年から昭和18年までですでに2・5メートルという沈下を示していた。それでもその後地下水の汲み上げを止めることはなかった。昭和30年代に入ると、工業用水とメタンガスと両方を採るために、揚水量は加速度的に増えていった。

昭和30年代後半、大気汚染や海の汚染、川の汚染による公害が重大な社会問題となってきた。昭和36年に「工業用水法」などで地下水の揚水規制が行われるが完全なものではなかった。昭和43年には江戸川区西葛西2丁目の水準基標の地で、一年間に23・9センチという過去最大沈下の記録も測定されている。

昭和47年になり水溶性天然ガスの採取が停止され、やっと地盤沈下は止まった。だが揚水をしなくなっても沈下前の状態に戻ることはなく、その後40年間で数センチ隆起している程度である。

4

なぜ荒川沿いの方が隅田川沿いより地盤が低いのか

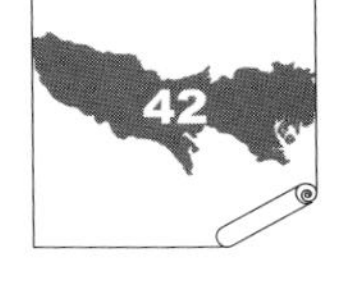

東京の東部低地のなかでも、激しく地盤沈下した所とそうでもない所がある。たとえばＪＲ総武線の各駅前の標高を調べてみた。武蔵野台地東端の御茶ノ水駅で標高11メートルあったのが、東部低地に位置する次の秋葉原駅で標高３メートルとなる。以下浅草橋駅３メートル、両国駅２メートル、錦糸町駅０メートル、亀戸駅マイナス１メートル、平井駅マイナス２メートル、さらに荒川を越えて新小岩駅マイナス１メートル、小岩駅２メートルといった具合に続く。

総武線電車の車窓からはこうしたわずかな標高の違いにはまったく気がつかない。だが平井駅前の標高を聞くと、けっこう衝撃的だ。このあたりでは線路は盛り土や高架上を走り、平井駅も高架上にある。

もう少し広範囲を俯瞰すると、荒川沿いが低く、隅田川沿いは明らかに荒川沿いよりも高い。上記の例では両国駅が隅田川沿い、平井駅が荒川沿いである。こうした違いの原因は、元々の標高の相違、地盤沈下の程度の相違が考えられる。地盤沈下の程度の相違は、

荒川ロックゲート。堤防に囲まれた荒川の水位が、地盤沈下地区を流れる旧中川の水位よりも最大3.1メートル高いため、両河川間の航行の際利用される閘門（こうもん）

かつて付近で地下水を汲み上げた量の違いのほか地層の相違にもよる。

まず汲み上げた場所に関わることとして、工場地帯の変遷をざっと見てみよう。明治から大正にかけては、海沿いの江東地区が主要な工業地帯だった。それが昭和５年に荒川放水路（現荒川）が完成すると様相は変わってくる。幅広い水路が整備されたことで、工業地帯は荒川下流からその北側の上流方面、城北地区へと伸びてきた。トラック輸送が発達していない時代、工場にとって舟運が物資輸送のメインだったためである。多くの工場ができ、荒川沿いで大量に地下水が汲み上げられることになった。

地層面ではどうだろうか。東部低地は、地表面は平坦で数メートル程度の起伏しかないが、地下の構造は数十メートル単位で複雑なことが、多くの建造物建設の際のボーリング資料により判明している。荒川の流れる付近の地下50～70メートルには、古東京谷という谷（沖積層の基底）も存在する。

東部低地の中でわずかな標高の相違がなぜ生まれたかということの成因は一概にいえないのだが、ここでは地下水を汲み上げるとなぜ地盤沈下するかを知ることによって、その一因を探ってみたい。

東部低地の地層を模式的に述べると、地表面から順に、比較的薄い表土、その下のやや厚い粘土層、その下の礫層となる。ここまでが非常に軟弱な地盤である。礫層の下部は沖積層の基底にあたり場所によって地下20メートルの場所もあるし地下60メートルの場所もある。沖積層の基底（そこから下は固い地盤）は起伏に富んでいるわけだ。それはすなわちその上の軟弱な地盤の厚さが異なることを意味している。

地下水は軟弱な地盤最下部の礫層の所に多くある。礫層内の水は上の地層から圧力を受けているので、被圧地下水と呼ぶ。それに対して、もっと浅い所にあり圧力を受けていない地下水を不圧地下水という。

礫層まで掘り下げて井戸の管（水が入れるように周囲に穴が開けてある）を入れると、礫層内の水は圧力を受けているので、管の中で上の粘土層の高さまで上がってくる。この

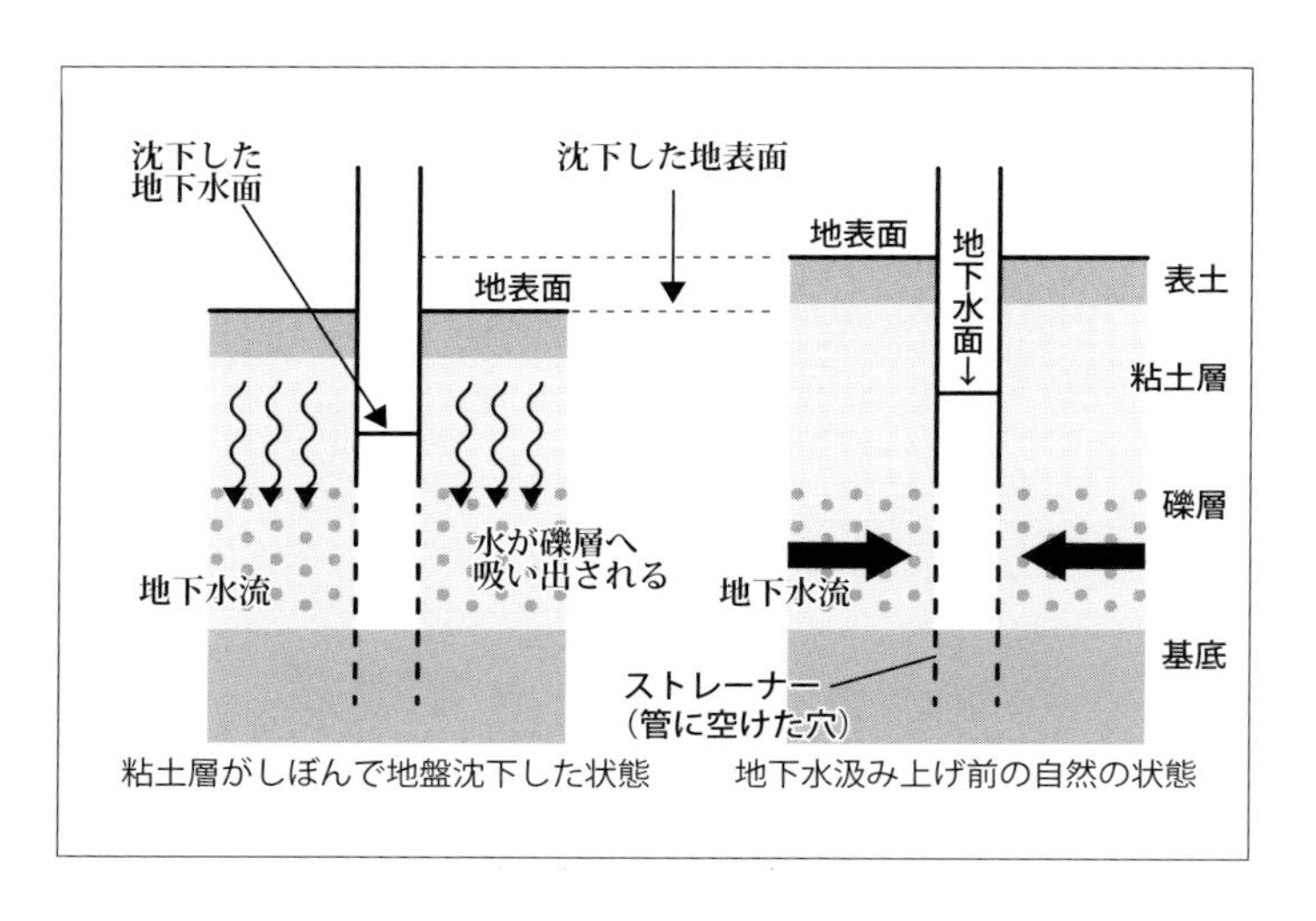

水を過剰に揚水すると、礫層内の水圧が低下する。すると上の粘土層内の水圧の方が高くなり、粘土層内の水が礫層内に吸い出される。含まれていた水が奪われてしまった分だけ粘土層はしぼんでしまい、層が薄くなる。その分地表が低下する。これが地盤沈下のメカニズムである。したがって粘土層の厚い地域の方が、地盤沈下の量も多くなる傾向がある。

また地層が地盤沈下に与える影響は、数百メートルという深い地層から揚水した場合をはじめ、様々な原因が絡みあっている。隅田川沿いと荒川沿いの標高の違いは、地層の違い、工場立地の違いによる汲み上げた地下水の量の違い、もともとの標高の違いなどの複合的原因によるものである。

4

東部低地の巨大な人工河川の荒川 戦艦一隻の建造費より安かった?

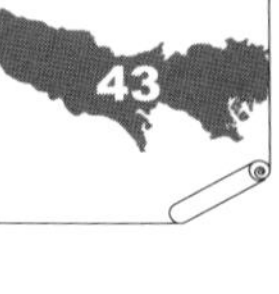

高速道路や新幹線を作るといっても、敷地となる土地の幅はせいぜい数十メートル程度である。それが幅約500メートル、長さ22キロにわたって現在の23区内に作られた大事業が、荒川放水路である。

東部低地を流れる川は、隅田川、中川、江戸川が蛇行しながら流れているのに対し、荒川は、緩やかなカーブをなしていて明らかにほかと異質な流れ方をしている。この部分の荒川は巨大な人工水路のためで、隅田川と分岐する岩淵水門（北区）から河口まで、大正2年に着工し完成が昭和5年、17年間に及ぶ大工事で造られた。

建設目的は水害対策である。明治時代後半、荒川では豪雨による洪水が相次いで起き、とくに明治43年の関東大水害では、各地合計で800人以上の死者が出ていた。

荒川放水路の用地買収面積は1000ヘクタールを超え、1300戸が半ば強制的に移動させられた。最終建設費は3134万円に及んだ。この金額をどう判断すべきだろうか。工事を指揮した技師の青山士（あきら）は「大金のようでも軍艦一隻分で、荒川下流の水害を防ぐこ

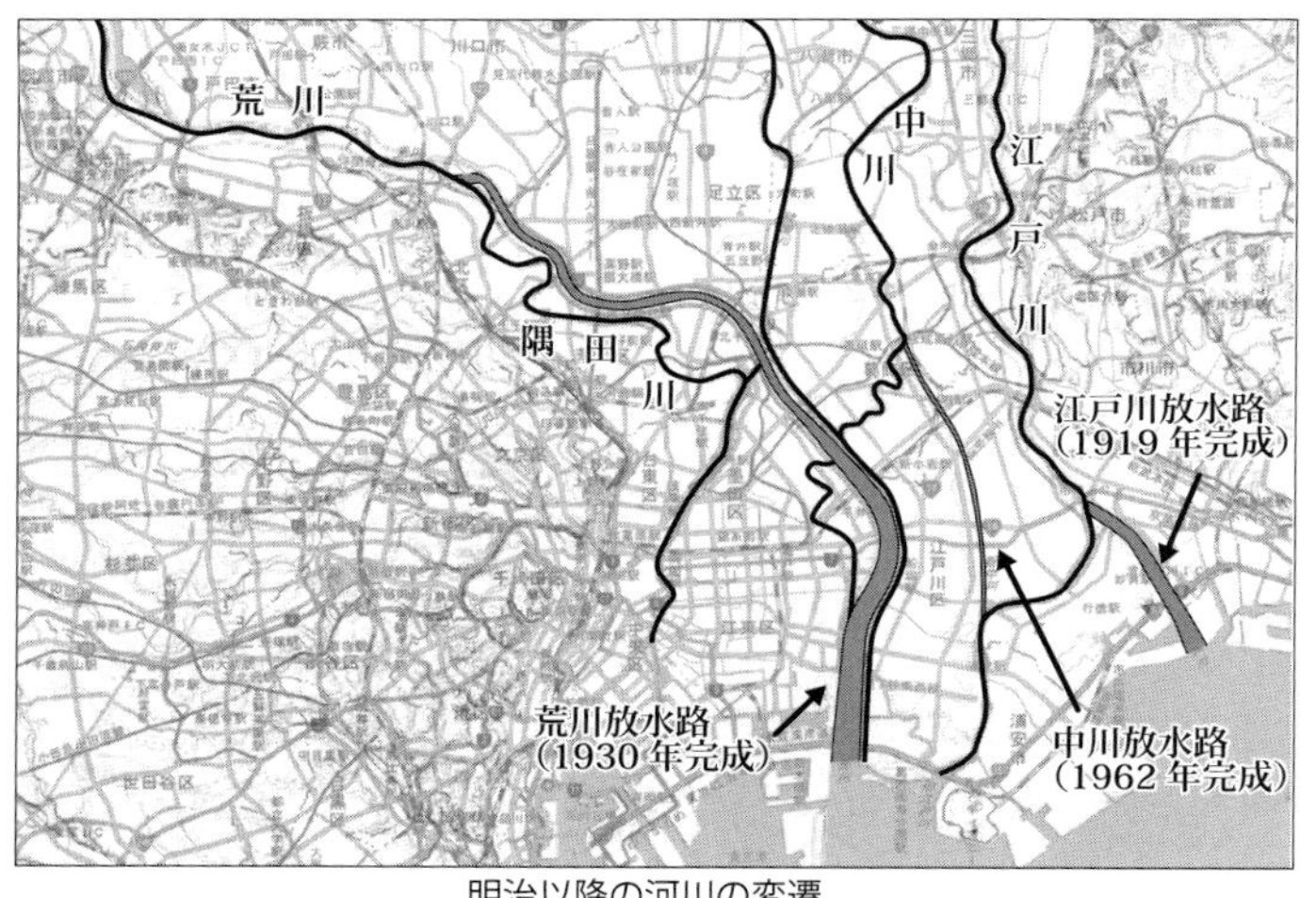

明治以降の河川の変遷

とができる」と述べている（『江戸・東京の川と水辺の事典』鈴木理生）。土地の価格も人件費も安かった時代とはいえ、軍艦一隻分で工事ができたのには驚かされる。

明治時代後半の地図で荒川放水路沿いを見ると、日光街道千住宿付近を除いて、ほとんどが田んぼである。東京の東部低地の東側半分は、明治以降になっても人家が少なかった。当時公共事業も金がかかるが、戦争はもっとかかったともいえる。

荒川放水路は昭和39年、「放水路」の文字が取れ正式名称が荒川となった。また現在の隅田川は荒川放水路ができる前、秩父盆地を源流とする荒川の下流部にあたるので、千住より上流が荒川、下流が隅田川、両国付近から河口が大川と呼ばれていた。

4

ペリー来航で湾内に作った御台場
土取り場になった場所はどこ？

嘉永6（1853）年6月ペリーのアメリカ艦隊4隻の来航は、江戸幕府を長い鎖国の眠りから覚ますことになった。ペリー艦隊は江戸の「のど元」ともいえる三浦半島の浦賀に停泊して、朝夕に大砲を発射したり、浦賀よりさらに内側の江戸湾の測量をしたりした。まさに威嚇である。ペリーは武力を背景に、通商、蒸気船に使用する石炭貯蔵庫の設置、漂流民の保護を幕府に迫った。

幕府は、武力への対抗、また条約交渉を少しでも対等に行うために、江戸湾の海防強化に取り組んだ。品川沖の海への御台場（おだいば）の築造である。西洋の築城書・砲術書などを参考にして、当初は湾内に11の御台場を計画した。御台場に砲台を据えて敵艦隊を前から横からと十字砲火するためである。

100〜200メートル四方規模、四角形や五角形などの人工島をいくつも作ることとなるので、埋め立てのための土取り場が必要である。幸い品川の海のすぐ近くに高輪台地の丘がある。泉岳寺の中門外、八ツ山の北部にあった今治（いまばり）藩下屋敷、御殿山の東部を切り崩して船で運んだ。

築造資材としての坑木は関東地方の御林で調達し、石材は相模・伊豆・駿河から海上輸送した。江戸湾には1日2000艘の工事の船が行き交い、5000人の人夫が動員された。木工、石工たちも全国から多数集められている。

土出しルートに位置する家屋の取り壊し、泉岳寺から品川宿までの東海道の日中往来差留（通行禁止し、西側に仮往還設置）、目黒川河口部の埋め立てなどの措置も行っている。こうして1年4カ月の間に六つの御台場が完成（一部未完成）した。その他の台場は、工事半ばで中止したり未着手に終わるなどしている。

現在の地形では品川駅西側、品川プリンスホテルの南側にやや広い窪地がある。今治藩下屋敷だった所で、この低地すべてが土砂を取った跡かどうかは分からないが、確かに凸凹地図で見ると不自然な低地に見える。その南の御殿山では原美術館東側の池付近が、丘を切り取った部分で、こちらはそれを実感しやすい。

品川の海辺にあった猟師町では、網干場が土置き場に使われた。当時の品川沖は、今では考えられないほど水産資源が豊かでヒラメ、コチ、カレイなど多くの種類の魚が獲れた。海苔も品質がよく幕府に上納している。だが御台場工事により水産業が大きな被害を受けることとなった。

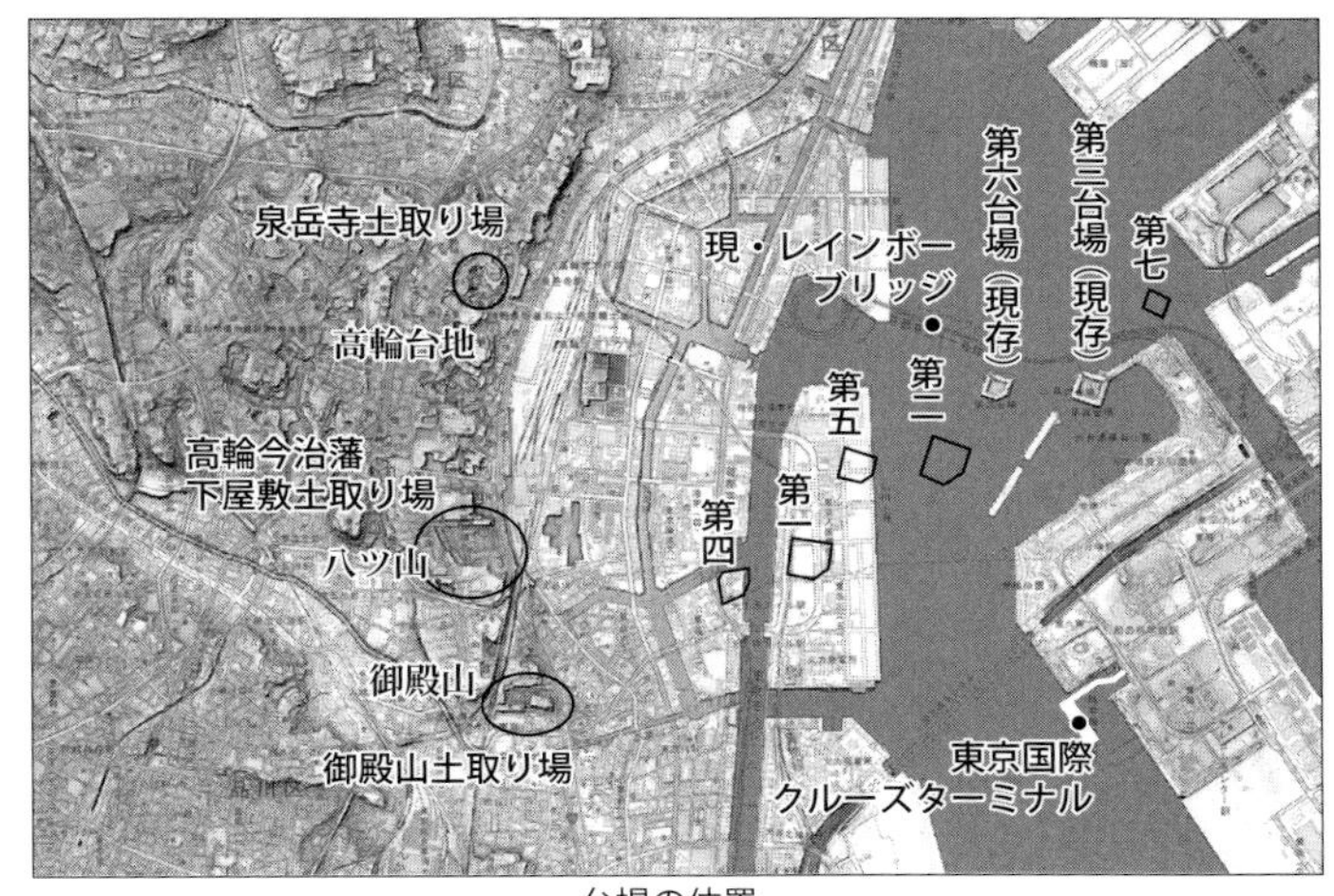

台場の位置

それぞれの御台場は、江戸湾の中でも西寄りとなる品川沖の方に片寄せて作られている。これは土取り場から近い方に作ったからというわけではない。江戸湾の大部分は土砂の堆積が激しく、御台場を築いた場所より東側の湾内は浅くて、吃水の深い大型船（黒船）は航行できなかったためである。こうした自然条件により、後に国際船が行き来する港は横浜に作られることとなった。江戸湾が浅いため、後に国際港の場所を横浜に奪われたが、幕末の国防上では海が浅いことが有利に働いたわけである。幕府は、御台場の築造に75万両もの資金を費やしたとされ、これは財政上大きな痛手となり幕府の力を弱める一因となっている。

御台場の多くは、昭和の時代に周囲の埋

レインボーブリッジから見た第三台場。背後はお台場海浜公園やフジテレビなど

め立てにより消滅したり航行の邪魔で撤去されたりした。現在は第六台場がレインボーブリッジの眼下に孤島のような形で浮かび、第三台場がお台場海浜公園と陸続きの形で残されている。

お台場と都心を結ぶレインボーブリッジは桁下高さ52メートルのため、現代の外国籍超大型クルーズ船は、頭がつかえて通れず、都心近くの東京港へはやってこれない。そのため同橋より外洋側の江東区青海地先（港区台場に隣接）に東京国際クルーズターミナルを作り、寄港できるようにした。

お台場海浜公園からレインボーブリッジを眺めていると、この橋が超大型外国船を阻止する現代の御台場に見えてきてしまった。

45 玉川上水は羽村の取水堰からどうやって多摩川の高い河岸段丘を越えたのか

ＪＲ青梅線、五日市線、八高線と西武拝島線が集まってくる拝島駅は、多摩地区有数の交通の要衝である。駅北口のすぐ先には玉川上水が流れている。南口側は１キロほど先に多摩川が流れ、多摩川と駅の間には河岸段丘が広がっている。

駅は多摩川から見て、二段上、数えようによっては三段上の段丘面に位置している。この付近の多摩川は標高１００メートルなのに対し、拝島駅は標高１２１メートルある。駅前の玉川上水も駅とほぼ同じ標高である。玉川上水はここから約５キロ上流、多摩川の羽村取水堰で水を取り込んで始まっている。そこからわずか５キロの間に、玉川上水はどうやってこの河岸段丘を二段分ないしは三段分も上ってきたのだろうか。

羽村取水堰は多摩川の左岸にある。地図上では、多摩川の東側なので右側の岸となるが、右岸左岸という呼び方は下流に向いた場合の右か左かで呼ぶので、ここは左岸となるわけだ。取水堰から多摩川下流に向けて４キロほどは、左岸は段丘をなさず、台地への斜面となっている。斜面とその上の台地は、多摩川の流れと同じく下流方向に向けて標高を下げ

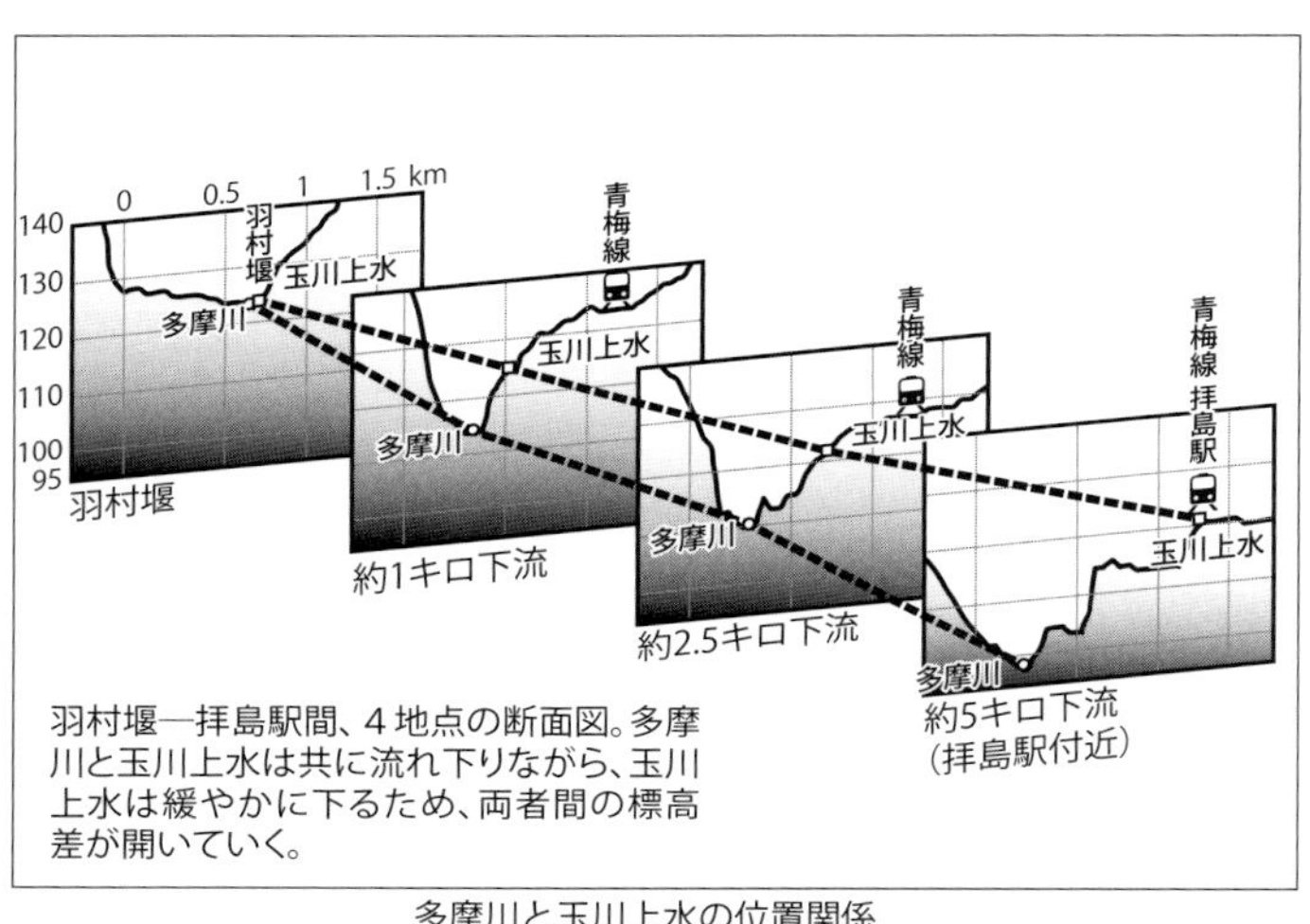

羽村堰—拝島駅間、4地点の断面図。多摩川と玉川上水は共に流れ下りながら、玉川上水は緩やかに下るため、両者間の標高差が開いていく。

多摩川と玉川上水の位置関係

ていく。玉川上水は、多摩川の勾配より緩い勾配を保つ形で斜面上のコースを取っている。そのため玉川上水は、台地へ向かう斜面を流れながら相対的に上っていく。拝島駅付近で玉川上水は、段丘となった台地上に完全にたどり着く。

台地へ上りきるまで玉川上水は多摩川と並行して南東に進んでいたが、拝島駅の地点で、東へと向きを変える。そして西武拝島線に沿って武蔵野台地を進んでいく。

拝島駅は以前、多くの線路が集まっているため北側と南側の行き来がとても不便だった。近年、線路を跨いで橋上駅舎と南北自由通路が完成し、自由通路の両端はガラス張りで眺めがいい。多摩川の河岸段丘の様子も一部ここから見ることができる。

46

目の前で玉川上水の水が消える！残堀川でのサイフォンとは

拝島駅付近から先、一路東へと流れていく玉川上水は、その4キロほど下流で地形上の難所に出合う。北から南へと流れる残堀川（ざんぼりがわ）が目の前に立ちふさがってくるのだ。玉川上水が自然河川と交差するのはここだけである。ここを玉川上水はサイフォンの原理で通り抜けている。その様子を見てみよう。

玉川上水の上流側からの水路が残堀川にぶつかった所で、水路が突然途切れる。それと共に水も目の前から消える。水は残堀川の川底のさらに下まで導かれるのだが、音もなく向かっていくので、まるで大掛かりなマジックが目の前で展開されているように感じる。残堀川の川底の下を25メートルほどの水路トンネルで通り過ぎた水は、再び地上の水路上に押し出されるようにして顔を出し、何事もなかったかのように流れていく。

この地点、江戸時代の玉川上水建設時からは複雑な変遷を経ている。玉川上水建設時は、残堀川から玉川上水へ水を必要に応じて流し込める（助水）ように残堀川を改修した。明治時代になり、残堀川の水が汚れてくると玉川上水に汚れた水が入っては困るので切り離

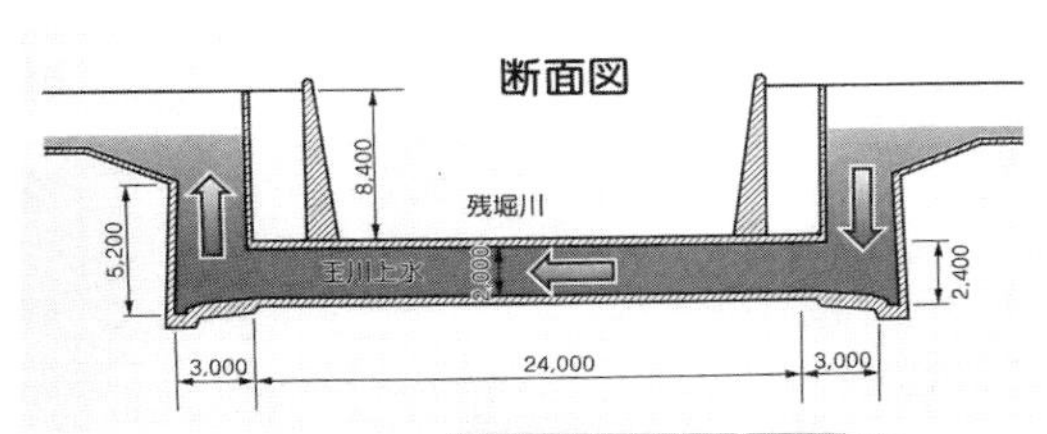

玉川上水と残堀川交差部の断面図。現地の看板より

玉川上水（手前）と残堀川（右奥）の交差部。玉川上水の水は残堀川の下を流れる

し、現在とは逆に残堀川の方が玉川上水の下をくぐるようにした。それでも大雨で氾濫し玉川上水へ水が入り込むことが起きたので、昭和30年代後半に、今度は玉川上水が残堀川の下を通るように改修した。

　サイフォンの原理を使うのは、何も近代に入ってからではなく、江戸時代にも各地で行われていた。下をくぐらせるのを「伏越（ふせこし）」、同じサイフォンの原理でも神田上水の水道橋のように水を上に持ち上げて跨がせるのを「掛樋（かかりとい）」と呼んだ。

　神田上水や玉川上水からの水が、江戸市中に網の目のようにめぐらせた樋で流れる部分、お濠にぶつかった地点では、何カ所もこうしたサイフォンの原理でお濠を水が渡っていた。

4

ちょっとしか水が流れていない玉川上水で太宰治はなぜ入水自殺できたのか

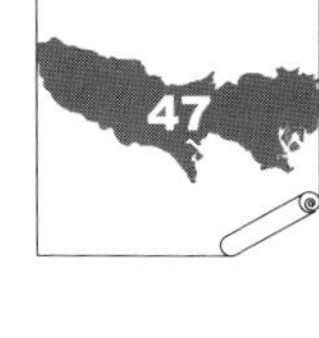

知識を得るとさらに謎が深まる、ということがある。作家太宰治は、愛人の山崎富栄と共に、彼女の家近くの玉川上水で入水自殺した。昭和23年6月13日三鷹駅南東、むらさき橋付近でのことである。現在ここを訪れた多くの人から、なぜこんな小さな川で太宰は入水自殺できたのか、という声をよく聞く。いつも水がひざ下くらいの深さしか流れていず、小川といった感じである。飛び込んでも、とても死ねそうにない。

結論からいえば、後述のとおり当時このあたりの玉川上水では、現在の水量の約30倍の水が流れていた。玉川上水は両岸が切り立ち、落ちたらのぼりにくい。関東ローム層の赤土はぬるぬるしてすべる。三鷹付近では「人食い川」と呼ばれていた。水難事故も多く、子どもが近づいたら叱られる場所だった。謎の第一ステップはこれで解けたことになる。

だが現在よりずっと水量の多い当時の写真を見ても、大の大人二人の命をそう簡単に奪えるとは思えない。コンクリートを体に巻いて沈むようにしたという事実もないようだ。入水自殺時は、雨が続いていて急流となっていた、という記事がある。「雨で増水した玉川上水」という説明も様々な本でなされている。これは本当だろうか。

玉川上水は何度か書いてきたように、尾根筋を流れている。ということは、通常は流れ込む川がないのである。そのため雨が降ってもほとんど増水しないはずだ。なぜ記事には「急流」と書かれているのだろうか。謎の第二ステップである。

玉川上水と同じように尾根筋を流れる三田用水（上水）でも、目黒駅近くの老舗店のおばあさんから、雨で増水するのを見たことがないという話を聞いたことがある。戦後直後の食糧難の時、雨が降ると三田上水の水路では食用ガエルが穴から出てくるので、よく捕まえにいったという。「雨だと増水するので、子どもでは危なくなかったですか」と聞くと、「いつも同じくらいの水しか流れていませんでしたよ」という。

あえて可能性があるとすれば、前項で述べた唯一玉川上水と直交する河川である残堀川の上流部に大雨が降って氾濫して、玉川上水に流れ込んでしまったのかもしれない。だとすると、三鷹付近の玉川上水は、ふだんの雨ではまったく増水しなかったが、入水自殺当時は、氾濫した残堀川の水が玉川上水に入り、玉川上水は一気に水嵩が増した。玉川上水は普段の雨の日の様相とはまったく異なり、別の川のように急流が牙をむいた。そこへ二人が飛び込んだ。太宰治がなぜ自殺したか、諸説あり真相が分からないように、この時の玉川上水の姿は不明のままだ。可能性としては以上のことが考えられる。

玉川上水を流れる水は多摩川からやってくるものではない？

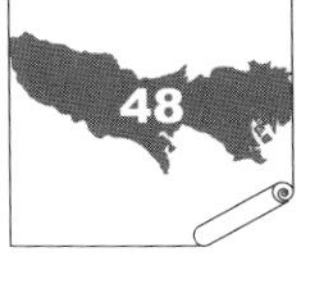

玉川上水を流れる水の量は、なぜ太宰治の時代よりぐっと減ってしまったのだろうか。その経緯は歴史的にも地理的にもなかなか複雑である。

東京の上水道を歴史的に追ってみよう。明治31年、新宿に淀橋浄水場が完成する。現在の新宿副都心、高層ビルが林立する所にあった広大な施設である。玉川上水の水はここへと送られるようになり、沈殿ろ過され圧力をかけて市中の家々へと送水された。日本で初めての近代水道の誕生である。

明治時代は郊外で人家も少なかった淀橋周辺も都市化が進んだこともあり、昭和40年に淀橋浄水場は閉鎖となる。この時点で淀橋浄水場への玉川上水の送水は停止され、玉川上水の下流区間には水が流されなくなった。この区間では３００年以上に及んだ玉川上水の歴史的使命を終えたともいえる。

その後、玉川上水は打ち捨てられた形になり、川床がゴミ捨て場のようになった所も現れた。その環境の改善が叫ばれはじめ、歴史遺産を大切にするべきだとの声もあがり、昭和61年東京都の清流復活事業により、玉川上水下流区間に再び水が流されるようになった。その水は意外な所から導いてきている。

ここから先は現状の話になるので、地理的に玉川上水の流れを上流から順に追って述べていきたい。

羽村の取水口で多摩川から取り入れた水は玉川上水を500メートルほど流れた後、その多くがトンネル水路（羽村線導水路）で村山貯水池（多摩湖）へと流される。これはポンプなどを使わない自然流下による。標高差が約10メートルあるので、それが可能である（185ページ参照）。この地下水路は、国土地理院の2万5000分1地形図には、青い点線で示されている。

残りの一日約9万トンが、約13キロ先の小平監視所（西武拝島線玉川上水駅近く）へと玉川上水を流れていく。この区間の玉川上水には、江戸時代と同じように多摩川の水が流されているわけだ。ところがこの水はすべて小平監視所から先、トンネル水路に落とされて、東村山浄水場へと導かれてしまう。水はそこで浄水され、都民の水道水となっていく。玉川上水の水が都民の飲料水になるという点では江戸時代と同じだが、途中経路がまったく異なっている。

小平監視所で玉川上水の水は皆よそに行ってしまった。ここから下流の玉川上水には、

現小金井市付近の玉川上水（明治 42 年頃）。現在よりたくさん水が流れている

まったく別の所から水を引いてきている。

　ＪＲ八高線が拝島―小宮間で多摩川を渡る鉄橋付近に、多摩川上流水再生センターという下水処理施設がある。ここで高度処理された再生水が、地下の導水管で小平監視所へもたらされる。これが都の清流復活事業で、ここから下流へと流す水量は一日約１万３０００トン。万一子どもが落ちても溺れない程度、鯉がなんとか生息できる深さである。太宰の入水自殺地を現在流れているのは、家庭の下水などを浄化した水なのだった。

　その先玉川上水は、久我山２丁目付近で中央自動車道の下に入り込む。その先地下で、環八通りの下を通り、京王井の頭線高井戸駅前で、神田川へ注ぎこんでいる。

多摩湖と狭山湖 水が溜まるはずのない地形の謎

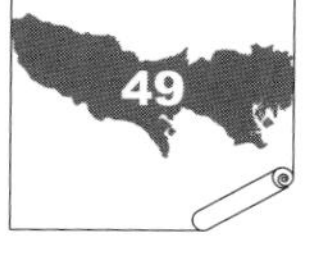

少しでも凸凹地図を見慣れた方なら、東京都と埼玉県の境にある二つの人造湖、多摩湖（村山貯水池）と狭山湖（山口貯水池）の凸凹地図を目にすると、強烈な違和感を持つのではないだろうか。二つの人造湖とも水が溜まるような地形ではないためだ。柳瀬川の支流の谷筋を堤で閉め切る形で造られているが、谷の奥の奥に造られているため流れ込む川がほとんどない。凸凹地図では多摩湖と狭山湖一帯は、共に台地に浮かんだ島のようにも見える。その島は水の供給されない孤島といった面もちである。

これを人造湖の流域面積、すなわち降水がその湖に流れ込む土地の面積で示すと、その特異性が鮮明になる。たとえば多摩川上流の小河内（おごうち）ダム（昭和32年竣工）による奥多摩湖は、流域面積が425平方キロメートルある。そこからの水で奥多摩湖には満々と水がたたえられている。一方多摩湖、狭山湖の流域面積は、わずか3平方キロと7平方キロしかない。冗談のように少ない。

多摩湖は大正13年、狭山湖は昭和9年に竣工している。建造の目的は、人口増加が著し

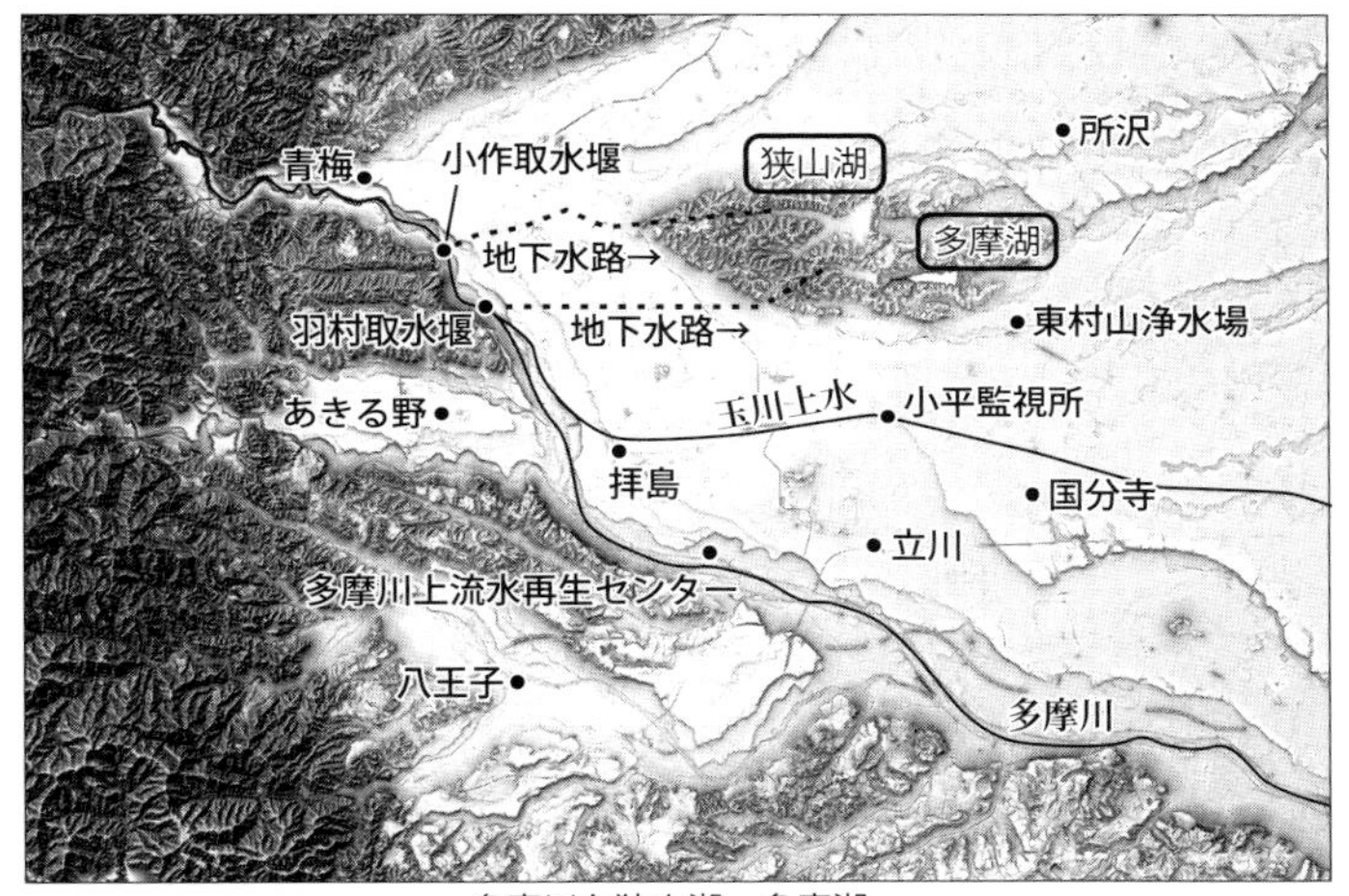

多摩川と狭山湖・多摩湖

い東京の水道水の水がめとするためである。人造湖の建設と共に、多摩川の羽村取水堰や小作（おざく）取水堰から多摩湖、狭山湖までの地下の導水管工事も行われた。両湖への水は地下を通って多摩川からもたらされる。自然に流れ込む川の水をあてにしていないので、地形だけみれば非常に不自然な人造湖に見えるわけである。

別の視点でいえば、これも奇跡の地形といえる。自然のままではそこにダムを作っても水は貯まらないが、水路を作って別の所から水を持ってくれば、水を溜めるのに恰好の谷があったのである。東京が人口増加していき近代水道のさらなる整備が不可欠となった時、その水がめとなるいい地形が、うまい具合にあった。

50

国分寺崖線の一等地に住むのは神様と仏様？ 湧水を訪ねるのは、秋が最適

武蔵野台地の南部には約30キロにわたって崖が続いている。国分寺崖線と呼ばれるもので、立川市と東大和市の境あたりから始まり、中央線国立駅の東側で中央線を横切り、国分寺市、小金井市の南部を通り調布市などを経て世田谷区の二子玉川駅北側から大田区の田園調布付近まで続く。崖線と名づけられているが、断崖というよりも、高低差10〜20メートルの斜面となっている区間が多い。太古の多摩川（古多摩川）が武蔵野台地を削ってできたものである。現在は崖からの湧水を集めて、崖下に沿って野川などが流れている。

国分寺崖線の崖上は南向きまたは南西向きの高台となり眺めがいい。主に大正時代以降、崖線上に有力者の邸宅がいくつも建てられていった。世田谷区上野毛には東急グループ創始者の五島慶太邸（現・五島美術館、以前は田健治郎邸）、世田谷区岡本には三菱財閥四代目総帥の岩崎小弥太による静嘉堂文庫、国分寺市南町には後に満鉄副総裁となる江口定条邸（現・殿ヶ谷戸庭園）、国分寺市東恋ヶ窪には今村銀行頭取の今村繁三邸（現・日立中央研究所）などがその代表例である。また田園調布、成城学園などは崖上の台地一帯が

国分寺崖線と府中崖線

高級住宅地になった例である。

だが、明治や大正の有力者よりいち早くずっと昔、国分寺崖線上の一等地を押さえた者がいる。正しくは「者」ではなく神様と仏様、すなわち神社とお寺である。

国分寺崖線沿いの寺社で目立つのが深大寺と武蔵国分寺（跡）である。深大寺の崖下からの湧水が田畑を潤し、古来この地には素朴な水神信仰が生まれた。仏教伝来以後それが水神「深沙大王（じんじゃだいおう）」を祀る深大寺の建立になっていったとされる。

国分寺崖線の西南端、岬のように台地が南に張り出した地に位地するのが武蔵国分寺（跡）である。奈良時代に全国に置かれた国分寺の一つで、金堂、講堂など寺の主要部は国分寺崖線の直下に配置されている。

武蔵国分寺跡付近、真姿池隣りの湧水源（写真左）

この一帯も湧水が豊富で、武蔵国分寺跡の真姿池湧水群は、環境庁（現環境省）の全国名水百選に選ばれている。

真姿池周辺は付近に史跡が点在することもあり、休日などとくに訪れる人が多い。筆者は十年ほど前からこの近くに住んでいるので、散歩がてら、また雨が続いた数日後湧水状況を見になど、ここによく出かける。冬と夏は概して湧水量が少ない。流れに勢いがないので、見ているこちらも何となく元気が湧いてこない。そうした時期に訪れた人が、よくこんな話をしているのが聞こえてくる。

「最近は湧水も昔と違ってずいぶん少なくなっちゃったんでしょうね」。

その時は、「秋にもう一度来てくださいよ。もっとたくさんコンコンと水が湧いていますから」と声をかけたくなる。秋の長雨の後など、ちょっと大げさにいえば水が轟轟と音を立てて流れていて、あたりに生気が溢れているように感じる。

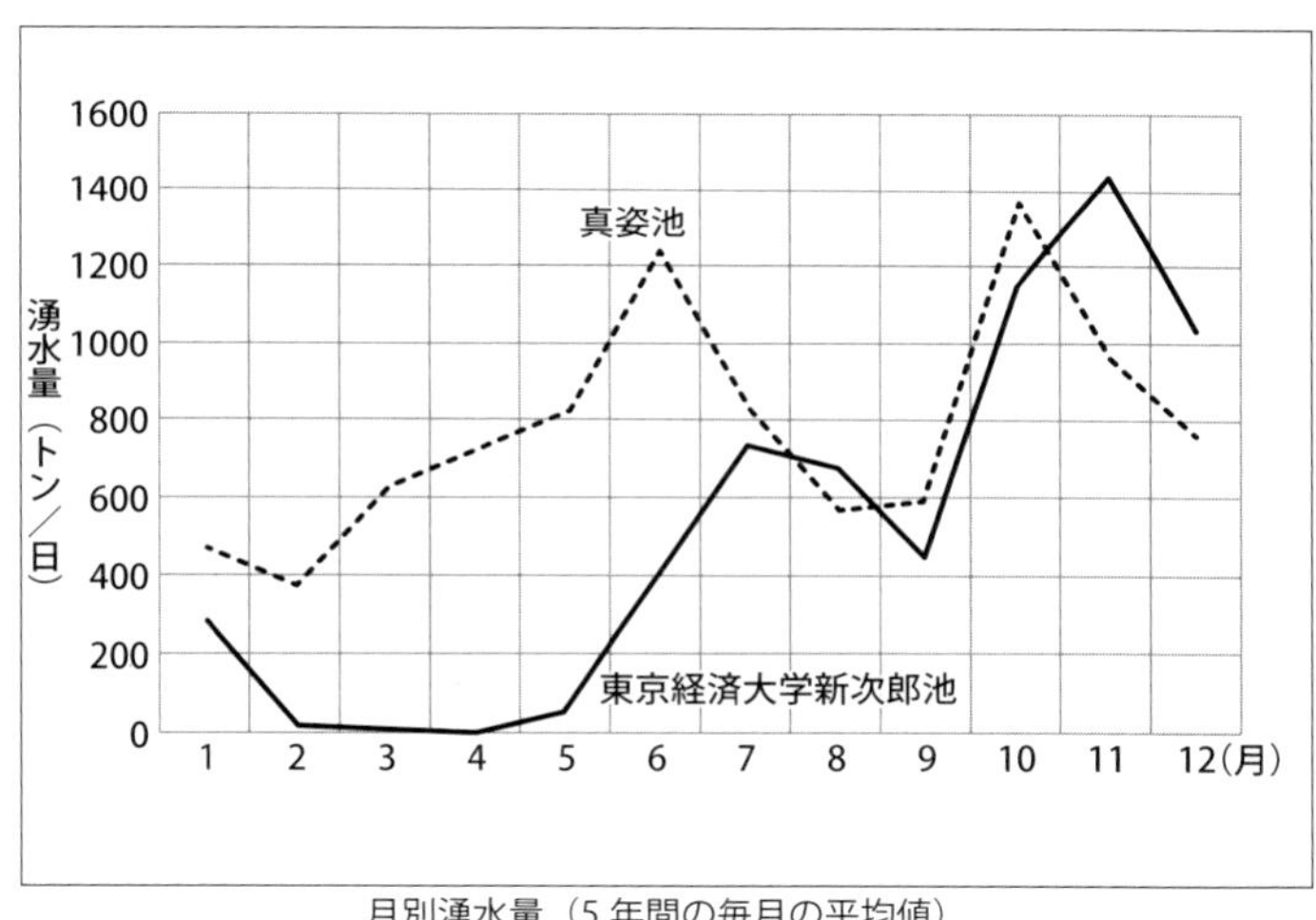

月別湧水量（5 年間の毎月の平均値）

湧水散歩にも旬がある。季節によって、または数日単位で続いた雨によって、湧水量は大きく異なる。国分寺市では、市内の湧水ポイント十数カ所で、毎月一回湧水量調査をしている。各湧水ポイントごとに湧水量も異なるし、夏場に枯れる所とそうでない所、雨が降って2~3日後に湧水量が増加する所ともっと日数がたってから増加する所など、湧水の状況は場所によって様々なことがこの調査で分かっている。

真姿池などは、年間を通して湧水が枯れることはない。市の湧水量調査の結果が公表されているので、それをグラフにしてみた。梅雨時と秋に湧水は多くなるのが分かる。真姿池での10月の量は2月の3倍以上となる。

これが国分寺駅近く東京経済大学校内の崖下にある新次郎池脇の湧水になると、季節変動がさらに顕著となる。1〜5月は湧水がなく池が枯れてしまっている。この時期にこの池を訪れた大学の新入生など、もうここには湧水が出なくなってしまったと思うだろう。ところが毎年秋になると斜面から勢いよく小さな水柱となって噴出してくる。記録では11月など真姿池のどの月よりも湧出量が多い。秋に湧水量が多くなるのは、長雨が続くこと、木々に葉がなく降った雨が土に浸みこみやすいこと、新緑の頃などは樹木が土中の水分を吸い上げてしまうが、秋はそうしたことが少ないことなどが挙げられる。

コンクリートの地面が多い近年は、雨が降ると水は大地に浸みこむことなく下水へと流れてしまうので、湧水量が減ってしまっている。昔はどこも現在よりずっと湧水量が多かっただろう。それでも天候状況によって湧水量は減ったり増えたりしたと思われる。真姿池の湧水量は現在でも年間を通して比較的安定している。文献上の記録はなくあくまで憶測だが、どんなに日照りが続いても、真姿池周辺の湧水量は、ほかの所より安定していたのではないだろうか。この一帯に奈良時代に国分寺が置かれたのは、そうした水に恵まれた地だったこととも関係したのではないだろうか。

湧水地を探索するなら秋の時期、または大雨が降った2〜3日後といったことを覚えておくと、豊かに水が湧いている光景に出合える。

［参考文献］
「東京の自然史」貝塚爽平／講談社学術文庫／２０１１年
「図説江戸・東京の川と水辺の事典」鈴木理生／柏書房／２００３年
「図説江戸城　その歴史としくみ」平井聖監修／学習研究社／２００８年
「川の地図辞典　江戸東京23区編」菅原健二／之潮／２００７年
「凹凸を楽しむ　東京「スリバチ」地形散歩」皆川典久／洋泉社／２０１２年
「明治大正 凸凹地図 東京散歩」内田宗治／実業之日本社／２０１５年
「地図と愉しむ東京歴史散歩　地形編」竹内正浩／中公新書／２０１３年
「外濠　江戸東京の水回廊」法政大学エコ地域デザイン研究所編／鹿島出版会／２０１２年
「地名の「山」に隠された謎」今尾恵介（「東京人」山の手１００名山特集／都市出版／２０１２年10月号）
「地下水は語る」守田優／岩波新書／２０１２年
「江戸・東京地形学散歩　増補改訂版」松田磐余／之潮／２００９年
「東京鉄道遺産」小野田滋／講談社ブルーバックス／２０１３年
「地図と鉄道省文書で読む私鉄の歩み　１東急・小田急」今尾恵介／白水社／２０１４年
「ＪＲ東日本全線　決定版鉄道地図帳　ＶＯＬ１東京支社管内編／学研パブリッシング／２０１０年」

著　者

内田宗治（うちだ・むねはる）

フリーライター。1957 年東京生まれ。実業之日本社で旅行ガイドブックシリーズ編集長などを経てフリーに。旅と散歩、鉄道、自然災害、産業遺産に関するテーマで主に執筆。アニメーション映画『天気の子』（新海誠監督）ではロケハン協力を務める。

主な著著に、本書の姉妹版にあたる『地形と地理で解ける！東京の秘密33　多摩・武蔵野編』のほか『「水」が教えてくれる東京の微地形の秘密』、『地形を感じる駅名の秘密　東京周辺』、『明治大正凸凹地図東京散歩』、『ゼンリン住宅地図と最新ネット地図の秘密』（以上実業之日本社）、『外国人が見た日本　「誤解」と「再発見」の観光150年史』（中公新書）、『関東大震災と鉄道』（新潮社）など。

※本書は 2016 年刊行の書き下ろしオリジナル『地形で解ける！　東京の街の秘密 50』を一部カラー化し、2020 年までに変化した部分を中心に改訂新版として刊行するものです。

じっぴコンパクト新書　376

地形で解ける！ 東京の街の秘密 50 改訂新版

2020年7月10日　初版第1刷発行

著　者…………内田宗治
発行者…………岩野裕一
発行所…………株式会社実業之日本社
〒 107-0062
東京都港区南青山 5-4-30
CoSTUME NATIONAL Aoyama Complex 2F
電話（編集）03-6809-0452
　　（販売）03-6809-0495
https://www.j-n.co.jp/
印刷・製本………大日本印刷株式会社

ISBN978-4-408-33940-5（第一趣味）